AF900605

Eric A. Soder

An wilden Wassern und stillen Ufern

Wanderungen durch 30 Auenlandschaften der Schweiz

Haupt
NATUR

INHALT

6 VORWORT

8 REICHTUM UND VIELFALT DER AUEN
10 «Regenwälder» unserer Breiten

18 MITTELLAND
20 Frauenwinkel/Seedamm SZ/SG
26 Thurauen TG/ZH
34 Auenschutzpark Aargau AG
58 Aare bei Belp BE
64 Sensegraben BE/FR
70 Clos du Doubs JU
76 Neuenburgersee VD/BE
84 Grangettes VD

90 ALPEN
92 Rhäzünser Rheinauen GR
98 Rheinschlucht GR
104 Segnesböden GR
110 Val Frisal GR
116 Isel und Welschtobelbach GR
120 Greina GR
126 Morteratsch GR
132 Ampferenboden und Ofenloch AR/SG
136 Dammareuss und Chelenalptal UR
142 Maderanertal UR
148 Kiental und Gamchigletscher BE
154 Gasterntal BE
160 Bächlital BE

166 WALLIS UND TESSIN
168 Gemmiweg und Lämmerenboden BE/VS
176 Jegital/Lötschental VS
182 Derborence VS
188 Val de Moiry/Moirygletscher VS
194 Bolle di Magadino TI
200 Oberes Verzascatal TI

206 ANHANG
206 Weiterführende Literatur / Weblinks
207 Dank
208 Impressum

VORWORT

Der Laubfrosch misst ausgewachsen nur drei bis fünf Zentimeter (Kopf-Rumpf-Länge). Mit seinen speziellen Haftscheiben an den Zehen kann er ausgezeichnet klettern – dies sogar an spiegelglatten Oberflächen senkrecht hinauf.

Liebe Leserin, lieber Leser,

dieses Buch richtet sich an Neugierige mit einem wachen Blick für die Besonderheiten am Wegrand, denen man begegnen kann: Tieren, Pflanzen und natürlichen Ereignissen verschiedenster Art. Nicht überall und jedes Mal, aber mit Geduld und Übung immer öfter. Beim Laubfrosch muss man schon genau hinschauen, um das kleine Tier auf einem grünen Blatt überhaupt zu entdecken. Manche Blüten machen hingegen mit leuchtenden Farben auf sich aufmerksam, und viele Vögel erkennt man an der Stimme, selbst wenn sie im Dickicht verborgen oder weit entfernt sind – vorausgesetzt, dass kein tosendes Wasser oder sonstiger Lärm den Gesang übertönt.

Die Natur zu erkunden, das ist für mich der wichtigste Antrieb zum Wandern. Die Schweiz bietet dafür unzählige Möglichkeiten in verschiedenen Landschaftstypen und in einem übersichtlichen Umkreis. Einige Vorschläge finden Sie in diesem Buch. Die Routen decken in Bezug auf Länge und Schwierigkeitsgrad eine breite Palette ab, zudem lassen einige der vorgestellten Gebiete auch Varianten, Abkürzungen oder Verlängerungen zu.

Die Schweiz ist ein kleines und dicht besiedeltes Land; hier verbleiben – vor allem im Flachland – nur kleinräumige Naturoasen, die einem starken Druck durch die menschliche Nutzung ausgesetzt sind. Auf den folgenden Seiten erfahren Sie mehr über Auengebiete, die Zusammenhänge des natürlichen Wasserkreislaufs mit den Jahreszeiten und Eingriffen durch die Zivilisation sowie über den Schutz und die Wiederherstellung von Auen als wertvolle Lebensräume und Wasserspeicher.

Beim Wandern in Naturschutzgebieten ist es wichtig, die Regeln zu befolgen und auf die Umwelt Rücksicht zu nehmen. Mit gesundem Menschenverstand lassen sich auch allfällige Unannehmlichkeiten oder gar Gefahren vermeiden. Gerade in Auengebieten kann es vorkommen, dass Wege nass und rutschig sind oder bei Hochwasser überspült werden und dadurch nicht mehr passierbar sind.

Für Bergtouren tragen eine sorgfältige Vorbereitung und eine realistische Einschätzung der eigenen Fähigkeiten ganz wesentlich zur Sicherheit bei. Laut Bergnotfallstatistik des SAC treten mit Abstand die meisten Notfälle beim «Volkssport» Bergwandern auf: Von 2021 bis 2023 waren es jeweils mehr als 1500 Fälle. Bei den beiden nächsthäufigen Tätigkeiten – Hochtouren und Skitouren – lagen die Unfallzahlen bei weniger als einem Drittel davon (395 bis 500 erfasste Fälle pro Jahr). Die häufigsten Gründe von Bergnotfällen sind Sturz oder Absturz (rund 1700 Fälle) und Blockierung (rund 1000 Fälle). Wenn Trittsicherheit, gebirgstaugliches Schuhwerk und gute Kondition gefragt sind, sollte man das im eigenen Interesse ernst nehmen. Ferner ist man auch selbst dafür verantwortlich, sich angemessen über Wetter- und ggf. Schneeverhältnisse, etwaige Wegsperrungen und Betriebszeiten von Bergbahnen zu informieren.

Sonnenschutz, warme Kleidung (bei Wind, Abkühlung am Morgen bzw. am Abend oder im Schatten), genug zu trinken und Proviant gehören im Gebirge zur Standardausrüstung. Persönlich habe ich im Fotorucksack immer eine Stirnlampe und eine Taschenlampe mit dabei, falls eine Tour wegen vieler Fotopausen, einer prächtigen Abendstimmung oder unerwarteten Wildbeobachtungen länger dauert als gedacht. Bei der Erstbegehung eines unbekannten Gebietes bewege ich mich aber lieber bei Tageslicht, was die Orientierung erheblich erleichtert.

In unseren Auen gibt es viel Spannendes zu entdecken, und ich wünsche Ihnen nun viel Spass beim Eintauchen in diese Welt.

Eric A. Soder

REICHTUM UND VIELFALT

Das Wasserschloss, wo nacheinander die Reuss (vorn links) und die Limmat (vorn rechts) mit der Aare (von hinten links durch die Enge bei Brugg kommend) zusammenfliessen. Siedlungen und Verkehrswege lassen der Natur wenig Raum. Luftaufnahme: © Oekovision GmbH

«Regenwälder» unserer Breiten

Auen sind in Mitteleuropa die Landschaften mit der grössten Vielfalt an Lebensräumen und Arten; sie haben punkto Biodiversität eine ähnliche Bedeutung wie in den Tropen die Regenwälder mit ihrem Reichtum an Tieren und Pflanzen.

Was genau sind denn eigentlich Auen? Darunter versteht man zeitweise überschwemmte Uferbereiche von meist fliessenden Gewässern. Sie sind in der Regel flach oder haben nur ein geringes Gefälle. Das Spektrum reicht von Gletschervorfeldern hoch über der Baumgrenze bis zu den typischen Auenwäldern tieferer Lagen. Diese amphibischen Lebensräume verändern sich natürlicherweise ständig aufgrund des wechselnden Wasserstandes und des Eintrags von Sedimenten, die sich in den Auen ablagern und wiederum den Verlauf des Gewässers beeinflussen.

Die Auen bieten einer vielfältigen Flora und Fauna Lebensraum und helfen nebenbei auch, den Menschen, seine Bauten und Nutzflächen vor Hochwasser zu schützen.

Vielerorts sind die natürlichen Auen den Interessen der Landwirtschaft und dem Siedlungs- und Strassenbau zum Opfer gefallen. Wie in den umliegenden Ländern ist nur ein Bruchteil der ursprünglichen Auenfläche erhalten geblieben. Je nach Quelle gingen zwischen 1850 und 2000 rund neunzig Prozent der Fläche verloren. Seither blieb sie einigermassen stabil. Doch ist in den Auengebieten die formende Kraft des Wassers häufig stark eingeschränkt, sodass die Erneuerung der Auen kaum noch so stattfindet, wie sie in der ungezähmten Natur eigentlich für diese Art Landschaft kennzeichnend wäre. An verbauten und begradigten Fliessgewässern fehlt der Raum zur Ausbreitung, und das Wasser läuft schneller ab. Bei Hochwasser können keine neuen Auen entstehen, stattdessen kommt es zu Schäden an landwirtschaftlichen Kulturen oder Siedlungen.

Auen in der Schweiz

Zum Schutz der verbliebenen Auen erliess die Eidgenossenschaft eine Verordnung über den Schutz der Auengebiete von nationaler Bedeutung; sie ist seit dem 15. November 1992 in Kraft. Mittlerweile umfasst das Inventar 326 Objekte, ursprünglich waren es 169. Diese Schutzgebiete bedecken eine Fläche von total 278 km^2, das sind gerade mal sieben Promille der Landesfläche. Zum Vergleich: Der Schweizerische Nationalpark, unser grösstes Naturschutzgebiet, umfasst 170,3 km^2. Trotz ihrer vergleichsweise winzigen Fläche beherbergen die Schweizer Auen 40–50 % der heimischen Pflanzenarten. Ebenso fühlen sich auch viele Tierarten – darunter vor allem ans Wasser gebundene wie der Eisvogel oder der Biber – in den Auen ausgesprochen wohl.

Abb. 1: Links im Bild eine hochalpine Aue im Herbst. Sie wird vom Schmelzwasser des Gletschers gespeist, dessen Zunge unter der Wolke hervorragt.

Abb. 2: Ein langsam verlandender Altlauf, der nicht mehr mit dem Fluss verbunden ist. In den Bäumen singt der Pirol, und nachts bahnt sich der Biber seinen Weg durchs Schilf ins offene Wasser.

1

2

Das Inventar unterscheidet fünf Arten von Auenlandschaften:

- Gletschervorfelder
- alpine Schwemmebenen
- Fliessgewässer-Auen
- Deltas
- Seeufer

Diese Auen lassen sich typischerweise in drei Zonen unterteilen, in denen sich je nach Häufigkeit der Überflutung unterschiedliche Pflanzengesellschaften bilden:

- Das Flussbett selbst, das durch Wasser und Geschiebe häufig umgestaltet wird. Hier gedeihen nur Pionier-Krautpflanzen, die sich zwischen zwei Hochwassern rasch entwickeln und sich jedes Jahr neu ansiedeln können.
- Die ans Flussbett grenzenden Auenterrassen sind von Weiden oder Erlen bewachsen. Hier sind die Standortsbedingungen stabil genug, dass sich – zwischen zwei Hochwassern – ein Pionierwald entwickeln kann: die Weichholzaue.
- Die weiter vom Fluss entfernten Bereiche und die höhergelegenen Terrassen werden nur noch sehr selten überschwemmt, bleiben aber dauernd oder zeitweise im Einflussbereich des Grundwassers. Hier entsteht nach Jahren und Jahrzehnten ungestörter Vegetationsentwicklung eine Hartholzaue aus Eschen, Ahorn, Ulmen oder gar Buchen, Eichen und Fichten.

Die sich im zeitlichen Ablauf verändernde Zusammensetzung der Arten an einem bestimmten Ort heisst in der wissenschaftlichen Fachsprache Sukzession, was so viel wie «Nachfolge» bedeutet. Stellenweise trifft man an einem flach ansteigenden Ufer auf eine sichtbar abgestufte Vegetation, die im räumlichen Querschnitt eine Art Momentaufnahme mit schön aufeinanderfolgenden Stadien der Sukzession zeigt: Vom nackten

3

Kies oder Sand nahe an der Wasserlinie über Keimlinge und niedrige Jungpflanzen, höhere Gräser und Kräuter, Sträucher und Weichhölzer bis zum gestandenen Auenwald mit stattlichen Exemplaren von Hartholz-Baumarten. Grössere Ereignisse reissen zuweilen wieder Lücken in solche «Ahnenreihen».

Vergleich mit anderen Dimensionen

Wie klein die Reste von naturbelassenen Landschaften in der Schweiz sind, durfte der Autor bei einigen wenigen Tropenreisen erleben. Im Jahr 1990 erkundete er Teile des damals noch kaum bekannten Pantanals, dem grössten Binnenland-Feuchtgebiet der Welt. Diese Auenlandschaft erstreckt sich über mehr als 200 000 km² – fast so viel wie die Fläche Grossbritanniens. Die Ebene befindet sich zu zwei Dritteln in Brasilien und zu einem Drittel in Bolivien und Paraguay. Der Grenzfluss Paraguay und seine Nebenflüsse bringen in der Regenzeit von Norden her Unmengen Wasser. Weil die Tiefebene auf 600 km Länge nur 30 m Gefälle hat, fliesst das Wasser sehr langsam ab und überflutet im Pantanal grosse Teile der mit Seen und regenwaldähnlichen Galeriewäldern durchsetzten Savanne.

Das Pantanal zählt zu den artenreichsten Biotopen weltweit, mit über 1700 Pflanzenarten, 650 Vogelarten wie dem riesigen Jabiru-Storch und dem tiefblauen Hyazinthara sowie mindestens 120 Säuger-Arten wie Jaguar, Riesenotter und Grosser Ameisenbär. Es beherbergt neben extensiver Rinder- und Pferdezucht auch sehr hohe Dichten einiger Wildtiere. Zum Beispiel leben im Pantanal etwa 35 Millionen Kaimane; mehrheitlich Brillenkaimane, die zwei bis zweieinhalb Meter (max. 2,7 m) gross werden. Der seltenere Schwarze Kaiman erreicht im Mittel etwa 3,5 m Länge, sehr alte Tiere bringen es auf fünf bis sechs Meter und 300 kg.

Auffallend sind auch die Herden von Capybaras oder Wasserschweinen, dem grössten Nagetier der Erde mit 100–130 cm Kopf-Rumpf-Länge und um 50 kg Gewicht, seltener bis 65 kg oder mehr. Als Entsprechung dazu finden wir in der Schweiz den Biber. Dieser erreicht 75–100 cm Kopf-Rumpf-Länge und die «Kelle» – der Schwanz – weitere 30 cm. Die meisten Biber werden etwa 20–30 kg schwer, die stattlichsten bringen es gar auf 40 kg.

Das Pantanal wurde 2000 zum UNESCO-Biosphärenreservat erklärt, dennoch ist die

4

5

Abb. 3: Im Pantanal ruht ein vorwitziges Wasserschwein *(Hydrochoerus hydrochaeris)* mitten zwischen Brillenkaimanen *(Caiman yacare)*.

Abb. 4: Unser grösstes Nagetier, der Europäische Biber *(Castor fiber)*, ist anders als Capybaras eher nachts aktiv, seltener am Tag wie hier.

Abb. 5: Sein breiter, geschuppter Schwanz unterscheidet den Biber von Bisam und Nutria.

Natur durch immer intensivere Nutzung, Abholzung und Goldschürfen bedroht. Auch der Ausbau des Paraguay-Flusses für Schiffstransporte wirkt sich nachteilig auf das Ökosystem Pantanal aus.

In Europa finden sich nur vereinzelt noch grössere Feuchtgebiete mit Auen, darunter die Donauauen in Österreich und das Donaudelta in Rumänien, die Camargue (das Delta der Rhone) in Frankreich, der Nationalpark Doñana (Delta des Guadalquivir) in Spanien oder das Biosphärenreservat Flusslandschaft Elbe in Deutschland.

Der Kreislauf des Wassers

In den Schweizer Alpen fallen pro Jahr im Schnitt um 2000 mm Niederschlag, und im nördlichen Flachland sind es zwischen 1000 und 1500 mm. Damit ist unser Land eines der wasserreichsten in ganz Europa. Der Trend ist leicht abnehmend: Zwischen 1980 und 2023 hat sich die mittlere jährliche Niederschlagsmenge der ganzen Schweiz um rund 100 mm verringert.

Die gesamte Menge an Niederschlägen eines Jahres liegt in der gleichen Grössenordnung wie das Volumen des Bodensees. Dieses beträgt 48 Kubikkilometer, das sind 48 Milliarden Kubikmeter oder 48 Billionen Liter. Ein Drittel des Niederschlags fällt in Form von Schnee auf die Schweiz; dieses Wasser bleibt im Winter und im Gebirge so lange gespeichert, bis die Temperatur über den Gefrierpunkt steigt. Dann verwandeln sich Schnee und Eis übrigens nicht zu 100% in Schmelzwasser, das an Ort und Stelle abfliesst. Ein Teil des Eises kann bei trockener Luft – etwa bei Föhn – direkt zu Wasserdampf sublimieren und vom Wind verfrachtet werden, bevor sich daraus an anderer Stelle wieder Niederschlag bildet. Regenreiche Gebiete liegen im Allgemeinen auf der Windseite von Gebirgen. Dort muss die Luft aufsteigen und kühlt sich dabei ab, bis ein Teil des mitgeführten Wasserdampfs kondensiert, Wolken bildet und schliesslich als Niederschlag herunterfällt.

Regen und Schmelzwasser versickern teilweise im Boden, ein anderer Teil des Wassers fliesst an der Oberfläche ab und läuft dem Gefälle folgend zu Bächen und Flüssen zusammen. Das versickerte Wasser gelangt einerseits durch die Wurzeln von Pflanzen wieder an die Oberfläche und verdunstet über die Blätter, anderseits dringt es tiefer in den Boden ein, bis es auf wasserundurchlässige Schichten trifft. Je nachdem, wie diese liegen, sammelt sich das Grundwasser an Ort und Stelle, oder es fliesst unterirdisch ab und tritt an einer tiefergelegenen Stelle als Quelle hervor und speist ein Oberflächengewässer.

Das verzweigte Netz von Fliessgewässern transportiert das Wasser letztlich in die Meere und Ozeane. Fast zwei Drittel der gesamten Abflussmenge verlässt die Schweiz übrigens bei Basel über den Rhein in Richtung Nordsee. Die wichtigsten weiteren Flüsse Europas, die in der Schweiz entspringen, sind Rhone, Inn und Ticino.

Zivilisationseinflüsse

Der Mensch nutzt die Gewässer seit jeher, um landwirtschaftliche Kulturen mit Wasser zu versorgen. Seit der Industrialisierung greift er immer stärker in die natürliche Dynamik des Wasserkreislaufs ein: Durch wasserbauliche Massnahmen und Trockenlegung von Feuchtgebieten zur Gewinnung von Ackerland und Siedlungsfläche wurden die Gewässer mehrheitlich verbaut, begradigt und reguliert. Die Fläche der Auen- und Feuchtgebiete ging dramatisch zurück, und durch die Versiegelung des Bodens mit Siedlungen und Strassen ist die Kapazität des Bodens zur Wasserauf-

6

nahme auf der Gesamtfläche merklich eingeschränkt. Gleichzeitig verändern intensive Landwirtschaft und der überbaute Flächenanteil die Verdunstungs- und Abstrahlungsrate sowie die Niederschlagsmuster. Wie sich die Klimaerwärmung genau auswirkt, ist schwieriger vorherzusehen. Höhere Temperaturen können einerseits die Böden stärker austrocknen, anderseits aber auch durch eine höhere Verdunstung zu extremeren Niederschlagsereignissen führen.

Neben dem Wasser selbst beeinflussen die menschlichen Massnahmen auch die Verteilung von mitgeführtem Sediment und Geschiebe: Kanalisierung und Dämme verhindern den Eintrag mineralischer Nährstoffe in Ufernähe, und bei Hochwasser können unerwünschte Ablagerungen von Geschiebe und/oder Schäden an Verbauungen auftreten. Dies gefährdet Siedlungen, Kulturen und Verkehrswege am Rand solcher Gewässer.

Feuchtgebiete als Puffer

Je mehr der Mensch versucht, die Natur mit technischen Mitteln zu beherrschen, umso grösser wird die Gefahr, dass er natürliche Wechselwirkungen und Regelkreise falsch einschätzt. In der Natur sind die Dinge selten starr und gleichmässig, sondern häufig Schwankungen und Gegenbewegungen ausgesetzt. Lässt man dies ausser acht und der Natur zu wenig Raum, kann sich das mitunter in überraschender Weise rächen.

Auengebiete sind wichtig, um die natürliche Gewässerdynamik spielen zu lassen und Hochwasser abzufedern. Zudem helfen sie zusammen mit anderen Arten von Feuchtgebieten, die Biodiversität zu erhalten. Die

Abb. 6: In den Alpen speichern Gletscher und Schnee erhebliche Mengen Süsswasser. Die Schneeschmelze im Frühling bringt oft Hochwasser, während aus Gletschern im Sommer langsamer und gleichmässiger Wasser abfliesst.

starke Abnahme von Tier- und Pflanzenarten sowie der Vielfalt landschaftlicher Strukturen in den letzten hundert bis zweihundert Jahren schwächt das Ökosystem als Ganzes, weil der Natur so weniger Möglichkeiten bleiben, um auf Veränderungen zu reagieren.

Den Einfluss des Menschen auf die Umwelt verdeutlicht der Vergleich der Biomasse aller Säugetiere der Erde: Wilde Landsäuger stellen 2%, wilde Meeressäuger knapp 4%, Menschen 36% sowie Haus- und Nutztiere ganze 58%. Entsprechend fallen die Platzansprüche für Mensch und Vieh gewaltig aus.

Auen erwandern

Die Schweiz verfügt über ein gut ausgebautes und markiertes Netz von Wanderwegen sowie hervorragende, detaillierte Landkarten, die die Orientierung im Gelände erleichtern. Es

7

lohnt sich, vor Wanderungen an unbekannte Orte die jeweilige Karte zu studieren und sich mit dem Gelände vertraut zu machen.

Im Anhang dieses Buches finden Sie den Link zu den Online-Landeskarten von swisstopo. Mittels QR-Code werden im Menü der Website automatisch einige Themen aus dem Geokatalog geladen, die man wahlweise ein- oder ausblenden kann, um selbst gewählte Kartenausschnitte als PDF zu speichern, aufs Handy zu laden und/oder auszudrucken. So kommt man auf praktische Weise und kostenlos zu aktuellen Karten und Luftaufnahmen, wenn man ein Gebiet vorab genauer studieren möchte, um eine Route auszuwählen. Zum Wandern bewährt sich der Massstab 1:25 000; hier im Buch sind einige Karten aus Platzgründen nur im Massstab 1:50 000 oder 1:100 000 abgebildet. Mit den halb transparent blau oder türkis überlagerten Auengebieten sind die Wanderwege und Gewässer auf der Karte weniger gut zu sehen. Zur leichteren Orientierung kann man diese Ebene im Menü abwählen und für die Reiseplanung bei Bedarf die ÖV-Haltestellen einblenden. Klickt man im Webbrowser auf ein Haltestellen-Symbol, öffnet sich die zugehörige Objekt-Information und zeigt den Namen der Haltestelle und die nächsten Abfahrten an.

Die Karten gibt es zudem als kostenlose und werbefreie App fürs Smartphone. Diese App heisst «Swisstopo» und ist mit GPS etwa in Waldgebieten oder bei Nebel hilfreich bei der Orientierung. Um die Karten anzuzeigen, braucht man eine mobile Datenverbindung; alternativ lassen sich aber auch frei wählbare Kartenausschnitte für die Offlinenutzung herunterladen – am besten schon zu Hause im WLAN. Das ist insbesondere vor Touren in die Berge zu empfehlen, um für allfällige Funklöcher gewappnet zu sein. In grenznahen Gebieten erspart man sich so unter Umständen Roaminggebühren, falls die Signalstärke des Schweizer Netzanbieters schwächer ausfällt als bei einem ausländischen Partner.

In diesem Buch orientieren sich die empfohlenen Routen in der Regel an den offiziellen Wanderwegen mit gelben Wegweisern und dem gelben Rhombus als Markierung beziehungsweise den Bergwanderwegen, die auf gelben Wegweisern mit weiss-rot-weisser Spitze und mit ebenfalls weiss-rot-weissen Wegmarkierungen bezeichnet sind. In einigen Fällen kommen auch Wegabschnitte oder Wege zum Zug, die ausserhalb des offiziellen Wanderweggnetzes liegen und die möglicherweise gewissen Einschränkungen unterliegen oder zeitweise gesperrt/unpassierbar sind. Es wird davon ausgegangen, dass die Leserschaft in solchen Fällen vernünftig genug ist, sich an Sperrungen/Verbote zu halten und umzukehren, oder gegebenenfalls über ausreichende Übung im Kartenlesen verfügt, um eine Ersatzroute zu finden.

8

Abb. 7: Auengebiete – auch geschützte – werden teils landwirtschaftlich genutzt, zum Beispiel hier als extensive Weide im Sommer. Zum Wandern erschliessen ganz unterschiedliche Arten von Wegen und Strassen manchmal nur den Rand, hin und wieder führen sie auch bis ans Wasser. Zur Schonung von Pflanzen und Tieren empfiehlt es sich, auf den Wegen zu bleiben, selbst wenn das vor Ort nicht ausdrücklich vorgeschrieben ist.

Abb. 8: Vereinzelte Abstecher, die in diesem Buch erwähnt werden, sind keine offiziellen Wanderwege; die jeweilige Beschreibung weist dann auf etwaige Besonderheiten hin.

MITTELLAND

Für Zugvögel haben die *Important Bird and Biodiversity Areas* (IBAs) internationale Bedeutung als Rast- und/oder Überwinterungsgebiete. Hier ein seltener Löffler, eine Reiherart, am Klingnauer Stausee. BirdLife Schweiz und die Schweizerische Vogelwarte haben total 31 IBAs ausgeschieden.

Frauenwinkel/Seedamm

Zum Einstieg eine leichte Wanderung in einem sehr gut zugänglichen Gebiet am Zürichsee. Der Weg führt zwar in einiger Entfernung am Auengebiet vorbei, dafür hat man gute Chancen, auf dem See und im Ried Vögel zu beobachten.

Der Frauenwinkel mit den seichten Wasserflächen bis zu den Inseln Ufenau und Lützelau ist das grösste Schutzgebiet mit natürlichem Ufer am Zürichsee. Hier wachsen noch ausgedehnte Röhrichtbestände, die unter anderem seltenen Vogelarten wie der Zwergdommel Unterschlupf bieten. Landseitig hinter dem Schilfgürtel schliessen Grossseggenried- und Moorflächen an, die auch botanisch viel zu bieten haben und wo noch Kiebitze brüten. Hier wachsen zum Beispiel die Gedrängtährige Segge *(Carex paradoxa)*, die Sibirische Schwertlilie *(Iris sibirica)* und sogar Orchideen wie die Sumpf-Stendelwurz *(Epipactis palustris)*, auch Weisse Sumpfwurz genannt.

Abb. 1: Blick vom Seedamm zum Frauenwinkel.

Abb. 2: Der Holzsteg führt über offenes Wasser. Links die Kiesinsel und die Rapperswiler Altstadt.

Abb. 3: Im Röhricht lebt die heimliche Zwergdommel, im Bild ein Männchen im Prachtkleid.

Der Seedamm überbrückt die engste Stelle des Zürichsees und bildet die Grenze zwischen Obersee und Untersee. Das Strassen- und Eisenbahntrassee verbindet Pfäffikon SZ mit Rapperswil-Jona SG. Der Frauenwinkel liegt westlich vom Seedamm, und auf dessen Ostseite führt ein 841 Meter langer und zweieinhalb Meter breiter Steg aus unbehandeltem Eichenholz vom kleinen Weiler Hurden quer über den an dieser Stelle ebenfalls wenig tiefen See bis zum Ufer beim Campus Rapperswil der OST – Ostschweizer Fachhochschule. 233 massive Pfähle tragen diesen längsten Holzsteg der Schweiz. Von ihm aus überblickt man den Obersee in Richtung Linthebene mit den Bergen auf beiden Seiten, darunter die markanten Gipfel Speer, Federispitz und Mürtschenstock. Weiter rechts reicht der Blick nach hinten bis zum Glärnisch mit den Nebengipfeln Vrenelisgärtli und Ruchen; der nur wenige Meter höhere Hauptgipfel Bächistock ist vom rund 2500 m tiefer gelegenen Zürichsee aus gesehen hinter dem Schwander Grat verborgen. Unter Naturfreunden dürfte sich das Interesse indes ohnehin mehr auf die Vogelwelt in der Umgebung des Holzstegs richten.

2

Die Richtung der vorgeschlagenen Wanderung von Bahnhof zu Bahnhof wählt man nach eigenem Gutdünken. Um sich nach einer längeren Anfahrt zuerst mehr zu bewegen,

3

bietet sich der Start in Pfäffikon an; wer es lieber ruhiger angeht und sich zuerst aufs Beobachten der Vögel konzentrieren möchte, gelangt von Rapperswil aus rasch mitten ins Geschehen. In Bezug auf den Sonnenstand ist als Ausgangspunkt am Morgen eher Rapperswil und am Nachmittag eher Pfäffikon zu empfehlen, damit einen in Marschrichtung die Sonne weniger blendet. Gegenlicht kann das Beobachten und Erkennen weit entfernter Tiere ziemlich erschweren.

P1 Holzsteg

Tierbeobachtungen gibt es selten auf Bestellung und mit Garantie. Auf der Wanderung über den Holzsteg müsste man jedoch schon unwahrscheinliches Pech haben, um gar keine Vögel zu sichten. Ein Feldstecher oder ein Fernrohr ist gleichwohl zu empfehlen, will man sich die gefiederten Freunde genauer ansehen. Denn die Entfernung zu den

5

4

Abb. 4: Eine ausgewachsene Mittelmeermöwe im Tiefflug. Sie hat eine stattliche Grösse und im Brutkleid einen roten Fleck am Schnabel. Jungvögel sind dunkler und bräunlich gefleckt.

Abb. 5: In den Riedwiesen des Frauenwinkels trifft man im Winter manchmal grössere Ansammlungen von Brachvögeln oder Graugänsen an. Im Mittelgrund die Insel Ufenau.

Abb. 6: Dieses Eiderenten-Männchen lässt sich unbeeindruckt von Passanten neben und unter dem Holzsteg treiben. Die Hauptverbreitung dieser Meertauchente liegt in Skandinavien.

ergiebigsten Stellen ist meist recht gross. Mit etwas Glück schwimmen oder fliegen aber auch mal interessante Vögel in die Nähe des Stegs, unten durch oder darüber hinweg.

Vor dem Campus Rapperswil und um die beiden Inseln zwischen Seedamm und Holzsteg halten sich seit einigen Jahren zum Beispiel Eiderenten auf, die auch schon gebrütet haben. Auf der kleinen Kiesinsel brüten Mittelmeermöwen, ausserdem lassen sich dort gelegentlich auch Seltenheiten wie die noch grössere Mantelmöwe nieder. Ein Versuch mit Nisthilfen für Lachmöwen im Schilf vor der grösseren Insel ist leider fehlgeschlagen. Diese Art ist stark rückläufig.

P2 Seedamm

Hier zweigt vom Holzsteg ein Weg unter der Bahnlinie und der Strasse hindurch. Von der Rampe und vom Fussweg auf dem Seedamm aus hat man freien Blick auf den Obersee.

7

P3 Durchstich-Kanal

Vom Wanderweg führen Treppen zum Kanal hinunter. Auf dessen linker Seite gelangt man zum einzigen Seezugang im Schutzgebiet Frauenwinkel. Die Aussicht ist durch Bäume eingeschränkt, dafür lädt ein Rastplatz zum Verweilen ein, und vielleicht fliegt im Kanal ein Eisvogel vorbei. Sein hoher Ruf kündigt ihn oft an, wenn er tief übers Wasser flitzt.

P4 Hafen Unterdorf

Ein Abstecher zum Bootshafen und zur Schifflände hinter der Badi kann sich lohnen, um Grossmöwen, Enten und Brachvögel zu sehen.

Abb. 7: Am Obersee östlich des Holzstegs liegt Busskirch. Die auslaufende Kuppe des Buechberg (630 m) verdeckt die Linthebene; dahinter ragen ganz links der Speer (1950 m) und etwas rechts über dem Kirchturm der rund 22 km entfernte Gipfel des Federispitz (1865 m) empor.

Abb. 8: Ein Zwergtaucher verschwindet unter die Wasseroberfläche, um Fische zu jagen.

P5 Busskirch

Neben der schmucken Kirche ragt ein Damm mit Schifflände in den See hinaus. Von hier geniesst man eine gute Aussicht bei wenig Andrang im Winter, was Vogelkundler schätzen.

P6 Mündung der Jona

Vorgelagerte Kiesbänke sind – vor allem bei tiefem Wasserstand – sehr beliebt bei Watvögeln. Auch ein Hotspot für «Birder».

8

© Abdruck mit freundlicher Genehmigung von swisstopo, www.swisstopo.ch

Infos

KARTENMASSSTAB: 1:50 000

START/ZIEL: Von Bahnhof Pfäffikon SZ nach Bahnhof Rapperswil SG oder umgekehrt; für Variante: Bushaltestelle Grünfeld

STRECKE: knapp 5 km (ohne Varianten)

HÖHENDIFFERENZ: wenige Meter

ZEITBEDARF: Reine Marschzeit in einer Richtung etwa eine bis anderthalb Stunden in gemütlichem Tempo; zum ausgiebigen Beobachten der Vogelwelt kommen eine halbe Stunde bis mehrere Stunden hinzu, je nach persönlichem Interesse und Aktivität der Vögel.

RAST/VERPFLEGUNG: Beim Durchstichkanal fürs Kursschiff befindet sich ein Rastplatz direkt am See mit Sicht in die Bucht; etwas weiter nördlich liegt ein weiterer mit Spielplatz. Auf dem Holzsteg hat es ein paar Sitzbänke. Bei der grossen Kurve der Bahnlinie hat es eine Unterführung zum Seedammcenter mit Läden/Restaurant; weitere Restaurants z. B. beim Bootshafen Unterdorf.

VARIANTEN: Abstecher zu Hafen und Schifflände Unterdorf; in Rapperswil weiter bis Busskirch oder Jonamündung (zurück evtl. mit Bus).

JAHRESZEIT: Ganzjährig. Eine hohe Aktivität der Brutvögel ist während der Fütterungsphase der Jungenaufzucht zu erwarten; ungewöhnliche und besonders seltene Arten trifft man am wahrscheinlichsten während des Frühjahrs- und Herbstzuges an, die besten Zeitpunkte hängen von der jeweiligen Art und vom Wetter ab. Durch die Anwesenheit von überwinternden Arten können einige Wasservögel im Winter besonders zahlreich sein.

VERKEHRSHINWEIS: Auf dem Seedamm bilden sich zu Stoss- und Reisezeiten häufig sehr zähe Staus. Parkplätze finden sich u. a. beim Bad/Bootshafen Unterdorf in Pfäffikon bzw. bei der Sportanlage Grünfeld und dem Jachthafen Stampf bei der Jonamündung.

IM WEB:

- www.frauenwinkel.ch
- www.rapperswil-zuerichsee.ch

Thurauen

Die Thur entspringt im Alpsteinmassiv, schlängelt sich durch das Toggenburg und Mostindien, bis sie im Zürcher Weinland in den Rhein mündet. In diesem letzten Abschnitt beim Zusammenfluss liegt das grösste Auengebiet im Mittelland.

Das Schutzgebiet erstreckt sich vom Eggrank bis zum Thurspitz und weiter rheinabwärts bis kurz vor Rüdlingen. Am Rhein gehören sowohl ein Streifen des linken Ufers im Kanton Zürich als auch ein Streifen des rechten Ufers im Kanton Schaffhausen zum Schutzgebiet. Es umfasst eine Fläche von 4,3 km² und ist von einem recht weit verzweigten Wegnetz durchzogen. Am südlichen Ende befinden sich ein Campingplatz, das Naturzentrum Thurauen sowie ein Freibad. Einen Kilometer nördlich des Schutzgebietes liegt das Dörfchen Ellikon am Rhein – nicht zu verwechseln mit Ellikon an der Thur – mit einer Fähre über den Rhein. Das gegenüberliegende Ufer liegt an dieser Stelle bereits in Deutschland und gehört zur Gemeinde Nack; erst etwa hundert Meter südlich der Landestelle betritt man einen Ausläufer des Kantons Schaffhausen und damit wieder Schweizer Boden. Die Fähre wird seit 2024 von einem privaten Verein betrieben, und zwar nur jeweils von Freitag bis Sonntag von Anfang April bis Mitte Oktober (Stand vor Drucklegung dieses Buches). Für die Rundwanderung tut man gut daran, sich über die aktuellen Betriebszeiten zu informieren (siehe auch Link im Infoteil), denn die

Abb. 1: Am Thurspitz ergiesst sich die Thur (im Bild von rechts kommend) in den Rhein, der auf die Kamera zufliesst. Wie man an der unruhigeren Wasseroberfläche sieht, hat der Rhein eine stärkere Strömung. Ein Mensch kommt schwimmend kaum dagegen an, ein Biber schon.

nächsten Brücken über den Rhein sind flussauf- und -abwärts jeweils gut fünf Kilometer von Ellikon entfernt.

Will man sich Zeit nehmen, die Natur in Ruhe zu beobachten und auch mal länger an einem Ort zu verweilen, sind die Thurauen viel zu weitläufig, um das ganze Gebiet einschliesslich des Teils bis hinauf zum Eggrank an einem Tag zu erkunden. Es lohnt sich daher, bei der Planung nicht zu viel ins Programm zu stopfen und lieber mehrere Besuche oder einen mehrtägigen Aufenthalt in der Region vorzusehen. Ganz besonders, falls der Besuch der Thurauen mit einer längeren An- und Rückreise verbunden ist.

Nordöstlich, Richtung Marthalen, bedeckt das Niderholz mehrere Quadratkilometer. Es handelt sich dabei um einen der grössten Eichenwälder der Schweiz. Zudem hat dieser Wald eine weitere Besonderheit zu bieten:

2

3

eine riesige überschwemmte Fläche, die durch Biber aufgestaut und inzwischen vom Kanton zum Reservat erklärt worden ist. Hier haben Biber ein neues Feuchtgebiet geschaffen, das auch anderen Tieren als Lebensraum dient und sehr grosse Bestände ermöglicht – eine ausgesprochene Seltenheit in unserer intensiv genutzten Landschaft, ebenso wie die zahllosen abgestorbenen Bäume, die nach und nach zerfallen und umfallen. Einen solchen Anblick finden wir hierzulande nur noch an ganz wenigen Orten.

In der weiteren Umgebung der Thurauen gibt es noch mehr Sehenswürdigkeiten für Naturfreunde – so zum Beispiel das Auengebiet Freienstein–Tössegg (rheinabwärts, Mündung der Töss in den Rhein) sowie den Rheinfall weiter oben am Rhein bei Laufen und Neuhausen. In der Nähe von Frauenfeld findet man an der Thur drei weitere Auengebiete aus dem nationalen Inventar; ein Teil des WWF-Biberlehrpfads Pfyn führt durch eines dieser Objekte.

P1 Underi und Oberi Insle

Mit dem ÖV ist der Start der Wanderung bei der Haltestelle Ziegelhütte vorgegeben, da nur diese Buslinie nahe ans Gebiet führt. Wer mit dem Auto anreist, könnte die Rundwanderung auch in Ellikon am Rhein beginnen und hat dann die Möglichkeit, dort nach der Tageswanderung in einem der beiden Restaurants einzukehren.

Weil das Naturzentrum erst kurz vor oder nach Mittag öffnet, nutzt man den Tag am besten, wenn man am Morgen zuerst über die Rüdlinger Brücke wechselt und dann entlang dem Westufer rheinaufwärts wandert. Nach etwa einem Kilometer passiert man einen Bootshafen, und dann wird es im ruhigeren Wasser hinter der Underi Insle bereits spannend, weil man hier nach Wasservögeln oder Bibern Ausschau halten kann, jedenfalls dort, wo der Bewuchs dies zulässt. In den Thurauen samt Rheinabschnitt befinden sich mehrere Biberreviere; trotzdem muss man sich bewusst sein, dass die Tiere überwiegend nachtaktiv sind. Somit braucht es viel Glück, Zeit zum Beobachten und einen aufmerksamen Blick, um vielleicht doch am Tag einen Biber zu erspähen.

Ein paar Hundert Meter nach einem Wegabschnitt, der auf der Strasse verläuft, zweigt

4

5

Abb. 2: Von der Aussichtsplattform auf einem alten Bunker überblickt man den Rhein.

Abb. 3: Mitte April sind die Laubbäume noch kahl. Rechts im Bild der Beobachtungsstand am rechten Ufer der Thur, auf halbem Weg zwischen Ellikerbrücke und Thurspitz.

Abb. 4: Ein männlicher Gänsesäger im Tiefflug spiegelt sich im Wasser. Thur und Rhein dienen verschiedenen Wasservögeln als Rastplatz auf dem Zug oder auch als Winterquartier.

Abb. 5: Ende Juni haben die Bäume ausgeschlagen, und die Gräser am Ufer stehen hoch.

rechts ein Pfad zur Oberi Insle ab. Er führt von dort weiter dem Rheinufer entlang und bietet bessere Einblicke ins Auengebiet als der höher gelegene Wanderweg. Bei Hochwasser kann der Uferweg allerdings unpassierbar sein, dann muss man mit dem ungefähr parallel verlaufenden Wanderweg und der vom Ufergehölz verstellten Sicht auf den Rhein Vorlieb nehmen.

P2 Altarme

Gegenüber dem Thurspitz hat es weitere, teils mit dem Rhein verbundene Nebengewässer. Ohne oder fast ohne Strömung, mit Kiesflächen oder Schlick, bieten sie Tieren und Pflanzen typische Auenlebensräume. Hier und da finden sich Nagespuren von Bibern. Auch an stattlichen alten Bäumen mit beachtlichem Stammdurchmesser.

Nach dem Knick im Rhein führt der Uferweg wieder auf den Wanderweg, und nach einem Kilometer erreicht man die Fähre nach Ellikon zum Übersetzen auf die andere Seite.

P3 Beobachtungsplattform am Rhein

Von Ellikon geht es nun rheinabwärts nach Süden, vorbei an Resten eines früheren Laufs der Thur. Eine alte Mündung muss man auf einem Damm umgehen. Ein Abzweiger nach rechts geht dem Waldrand entlang Richtung Thurspitz. Der Wanderweg führt auf dem Damm weiter nach Osten vom Rhein weg und durch den Wald zur Thurbrücke. Auch von diesem Weg gibt es eine Abzweigung nach rechts Richtung Thurspitz. Wo man den Waldrand erreicht, liegt linker Hand ein Altlauf zur Thur. Der Weg liegt an dieser Stelle so tief, dass er bei Hochwasser überflutet werden kann. Dann steigt er zur Kreuzung wieder etwas an; von dort führt ein Pfad zu einer Beobachtungsplattform auf einem alten Bunker am Rheinufer. Hier überblickt man den Rhein

6

weit in beide Richtungen und sieht zuweilen Wasservögel, die sich auf dem Wasser tummeln oder darüber hinwegfliegen.

P4 Thurspitz Nord

Zurück auf der Wegkreuzung gelangt man – bei normalem Wasserstand – Richtung Südwesten bis ganz in die Spitze zwischen Thur und Rhein. Der Platz in der Mitte von Bild 1 besticht mit einer Panoramasicht direkt am Zusammenfluss. Entsprechend beliebt ist er als Rastplatz (mit einer Feuerstelle) und zum Fischen; bei schönem Wetter wird man dort selten allein sein.

Der Thur entlang Richtung Brücke öffnet sich rechter Hand eine Schneise mit einem Altlauf (Bild 3). Vom breiten Kiesweg zweigt der Wanderweg nach rechts zur Thur hin ab. Dort befindet sich ein kleiner Beobachtungsstand (Bilder 3 und 5), in dessen Sichtfeld vornehmlich Wasservögel zu erwarten sind,

7

8

9

Abb. 6: Wenn sich der dunkle Klumpen am anderen Ufer bewegt, kann es ein Biber sein. Tagsüber sieht man den Nager jedoch recht selten.

Abb. 7: Vom Holzturm aus hat man freie Sicht auf die Kiesbänke in den renaturierten Flächen.

Abb. 8: Glück gehabt: Hier schwimmt ein Biber in der Dämmerung nahe vor dem Turm vorbei. Er liegt so tief im Wasser, dass man häufig zuerst die Bugwelle bemerkt, bevor man das Tier sieht.

Abb. 9: Von oben sieht man durch die Wasseroberfläche hindurch zwei Fische, die im seichten Wasser Staub aufwirbeln.

10

wenn der Wasserstand für Schlickflächen oder ruhiges Wasser sorgt. Steht jedoch die Vegetation hoch, bleibt vieles im Verborgenen.

P5 Holzturm

Rund 100 m südlich der Thurbrücke führt ein unmarkierter Weg nach Westen und um einen weiteren Altarm herum zu einer recht hohen Plattform aus Holz (Bild 7). Der Zugang von dieser Seite kann beim Altarm sumpfig oder bei Hochwasser unpassierbar sein, dann klappt es eventuell vom Wanderweg her aus Süden. Der Turm bietet gute Sicht auf die Thur und die gesperrten Kiesbänke. Mitunter entdeckt man von hier aus auch Biber.

Vom Turm aus erreicht man auf der Fortsetzung des Pfads durch den Wald nach Westen und kurz darauf nach Süden wieder den regulären Wanderweg. Dieser führt aufs offene Gelände und an der Kreuzung beim Thurhof weiter nach Westen.

P6 Thurspitz Süd

Ein Holzsteg durch den Auenwald ist Stand Mitte 2024 wegen Einsturzgefahr gesperrt. Sollte er wieder instand gestellt werden, bietet er spannende Einblicke in diesen dschungelähnlichen Lebensraum, dessen Boden ab und zu überflutet wird.

Auf Höhe Forspitz befindet sich am Rheinufer ein Rastplatz mit Feuerstelle. Dort kann man auf eigene Gefahr (!) auch baden – aber bitte nur geübte Schwimmer und nah am Ufer bleiben, damit einen die Strömung nicht weiter mitreisst als bis zu den Ausstiegsstellen in diesem Abschnitt.

P7 Naturzentrum Thurauen

Hier erfährt man viel über den Lebensraum Auen; die Website liefert aktuelle Angaben.

Abb. 10: Das rechte Rheinufer beim Eggholz, vom Thurspitz aus gesehen. Die lange Belichtung am späten Abend betont die starke Strömung des Rheins.

© Abdruck mit freundlicher Genehmigung von swisstopo, www.swisstopo.ch

Infos

KARTENMASSSTAB: 1:25 000

START/ZIEL: Flaach, Ziegelhütte

STRECKE: 12 bis 15 km ohne/mit Abstechern

HÖHENDIFFERENZ: unter 100 Meter

ZEITBEDARF: Reine Marschzeit 3 bis 4 Std.

RAST/VERPFLEGUNG: Rast-/Badeplatz am Nordende Werdhölzli am linken Rheinufer; Restaurants in Ellikon und beim Naturzentrum.

VARIANTEN: Bei Anreise mit Auto Start/Ziel für Rundweg oder Teilstück hin und zurück ab einem Parkplatz: Naturzentrum, Rüdlingen bei der Rheinbrücke, Ellikon, im Wald ca. 100 m N von Thurbrücke und O von Ellikerstrasse.

JAHRESZEIT: Teilstücke ganzjährig; Betriebszeiten Fähre und Naturzentrum beachten.

IM WEB:

- rheinfaehre-ellikon.ch
- naturzentrum-thurauen.ch
- thurauen.zh.ch
- wwfost.ch > Suchen: Biberpfad Pfyn [Flyer]

Auenschutzpark Aargau

Ausser beim Wasserschloss, wo die Flüsse Aare, Reuss und Limmat zusammenfliessen, befinden sich im Kanton Aargau noch viele weitere Feuchtgebiete und Auen. Letztere sind im Auenschutzpark zusammengefasst.

Noch bevor der Bund im Jahr 1992 die Auenverordnung sowie das Bundesinventar der Auen von nationaler Bedeutung in Kraft setzte, starteten acht aargauische Naturschutzorganisationen Ende der 1980er-Jahre die Aueninitiative. Sie verlangte, dass innerhalb von 20 Jahren ein Auenschutzpark von mindestens 1% der Kantonsfläche errichtet wird, um die Auengebiete zu schützen und aufzuwerten. Die Initiative wurde 1993 mit 67,7% Ja-

1

2

Abb. 1: Bei Schinznach Bad teilt sich die Aare um die rund vier Kilometer lange Schacheninsel. Hier blicken wir weiter flussabwärts bei Hochwasser von der Brücke beim Badschache auf den rechten Arm. Das Inselchen ist überflutet.

Abb. 2: Am Ende der Schacheninsel ist der linke Aare-Arm etwa 80 m breit, und der rechte fliesst über eine knapp 100 m breite Schwelle. Das ganze Wasser der wieder vereinigten Aare zwängt sich in Brugg durch diese Felsschlucht; die engste Stelle ist nur 12 m breit und 10 m tief bei mittlerem Abfluss (312 m^3/s). Im Foto vom 1.6.2013 fliessen fast 900 m^3/s, und das Wasser überspült die Enge.

Stimmen klar angenommen und damit der Auenschutz in der Kantonsverfassung verankert. Der entsprechende Artikel trat 1994 in Kraft, und der Kanton erreichte bis 2014 das Flächenziel – mit einem Aufwand von um die 60 Millionen Franken. Die verbliebenen 600 Hektaren an Auengebieten wurden mit den Renaturierungen auf 1611 ha gemäss Richtplan 2011 vergrössert. Auch heute laufen weitere Schutzmassnahmen für die Auen.

Allerdings ist der Auenschutz nicht nur für die Natur, sondern auch für den Menschen und seine Infrastruktur sinnvoll. Ausreichend grosse Auen können nämlich auch einen gewissen Schutz vor Hochwassern bieten. Tritt das Wasser über die gewohnten Ufer, kann es sich in der Fläche verteilen, verlangsamt sich dabei und kann allfällige Hindernisse besser umfliessen. Demgegenüber erhöht sich in einem begradigten und kanalisierten Fluss-

bett die Fliessgeschwindigkeit massiv, und mitgerissene Bäume oder dergeichen können sich so verkeilen, dass die Wassermassen sich plötzlich aufstauen und dann mit gewaltigem Druck an einer Schwachstelle durchbrechen oder Hindernisse überspülen.

Zur Zeit der Schneeschmelze führen unsere Flüsse generell viel Wasser. Kommen dann noch anhaltender Regen oder heftige Gewitter mit viel Niederschlag in kurzer Zeit hinzu, kann die Abflussmenge innert Stunden oder wenigen Tagen auf ein Vielfaches des Mittelwerts ansteigen und zur Gefahr werden. Am schnellsten entstehen kritische Hochwasser typischerweise in kleineren Bächen bei stationären Gewitterzellen mit Starkregen. Die Aare hat ein grosses Einzugsgebiet mit einem relativ hohen Gebirgsanteil, daher reagiert sie eher auf grossflächigen Dauerregen und mit einer gewissen Verzögerung. Besonders

3

4

Abb. 3: Die gleiche Stelle wie in Bild 1, diesmal bei Niedrigwasser. Nun stehen die Bäume im Trockenen, und die Insel reicht fast bis ans linke Ufer. Das Foto ist von der Brücke über einem Stauwehr aufgenommen.

Abb. 4: Neben dem Stauwehr befindet sich eine Fischtreppe zur Umgehung des Hindernisses.

Abb. 5: Der Violette Ölkäfer sondert zur Abwehr ein giftiges Sekret an den Kniegelenken ab. Es enthält Cantharidin, von dem 3 mg, in die Blutbahn injiziert, einen Menschen töten können.

Abb. 6: Veilchen als Frühlingsboten im Auenwald.

problematisch ist es, wenn die Böden bereits mit Wasser gesättigt sind und weiterer Regen mehrheitlich an der Oberfläche abfliesst.

Der Aare entlang zum Wasserschloss

Der Auenschutzpark besteht aus über zwanzig Teilgebieten – zu viele, um alle in diesem Buch vorzustellen. Der erste Routenvorschlag verbindet zwei dieser Schutzgebiete in einer längeren Wanderung; wer es kürzer oder gemütlicher mag, kann daraus auch zwei separate Wanderungen machen. Den Teil mit dem Wasserschloss kann man am Bahnhof Turgi mit dem Aufstieg aufs Gebenstorfer Horn beginnen, von dort überblickt man den ganzen Zusammenfluss von Aare, Reuss und Limmat.

5

P1 Badschache und Brücke/Stauwehr

Der Bahnhof Schinznach Bad liegt nur etwa 200 m neben der Aare, ziemlich genau auf der Höhe, wo die Schacheninsel beginnt. Dort fliesst links von der Insel der Oberwasserkanal zum Kraftwerk und rechts der Unterwasserkanal über ein Hilfswehr. Der Wanderweg führt vom Nordende des Bahnhofs nach Nordwesten ans Aare-Ufer – des rechten Arms, also des Unterwasserkanals – und folgt diesem dann nach Norden. Es geht vorbei an den Thermalbädern, die übrigens

6

von heissem Tiefengrundwasser gespeist werden. In den oberflächennahen Schotterschichten unter und neben der Aare fliessen grossräumig weitere Grundwasserströme, die für die Trinkwasserversorgung wichtig sind. Die Schotterablagerungen entlang der Aare stammen von früher, als der Fluss im flachen Tal noch frei mäandrieren konnte.

Beim Badschache kreuzt der Weg den Autobahnviadukt der A3 und danach die Strasse über die Brücke bei einem weiteren Hilfswehr (siehe Bilder 1, 3 und 4). Von der Brücke aus hat man einen freien Blick flussauf- und -abwärts sowie über den Wald hinweg aufs Schloss Habsburg. Die Wanderung führt aber nicht auf die Schacheninsel, sondern weiter dem rechten, äusseren Ufer der Aare entlang.

P2 Stierehölzli und Wildischachen

In diesem Bereich verzweigt sich der rechte Arm der Aare weiter um ein paar kleine Kiesinseln. Je nach Wasserstand fallen kleinere oder grössere Bereiche dieser Kiesinseln trocken und ermöglichen leichteren Einblick in das Pflanzen- und Tierleben des Auengebiets.

Wo sich der Weg bei einer Rechtskurve des Flussarms vom Ufer entfernt, beginnt linker Hand das Naturwaldreservat Schacheninsel. Der weitaus grössere Teil davon liegt, wie der Name vermuten lässt, auf der Insel am anderen Ufer. Hier merkt man, dass der Wald ohne menschliche Eingriffe wilder und urchiger wirkt. Er vermittelt eine Ahnung davon, wie natürliche Auenwälder früher ausgesehen haben – auf viel grösserer Fläche. Mit etwas Glück hört man aus den Baumkronen einen Pirol singen oder entdeckt Nagespuren des Bibers. Auf der Schacheninsel befinden sich auch bedeutende Laichgebiete für Amphibien und Waldflächen, die häufiger überflutet werden; diese reagieren empfindlicher auf Störungen und sind daher geschützt.

P3 Felsschlucht in Brugg

Beim Ende der Schacheninsel, wo das Ober- und Unterwasser wieder zusammenfliesst, kommt man zu einem römischen Kastell und ins Stadtgebiet von Brugg. Knapp einen Kilometer nach der Eisenbahnbrücke erreicht man die Felsschlucht und die Brücke beim Schwarzen Turm. An dieser Stelle ist die Aare extrem verengt; zwischen den Felsterrassen unter der Brücke ist der Querschnitt gerade mal zwölf Meter breit, dafür etwa zehn Meter tief. Bei hohen Abflüssen entwickelt sich hier eine enorme Stauwirkung, und der Wasserpegel kann mehrere Meter hoch ansteigen. Die Hochwassermarken an einem Gebäude legen beredtes Zeugnis ab, wie hoch das Wasser schon gestanden ist, als die Aare hier über die Ufer trat.

P4 Rüssschache

Weiter geht es der Aare entlang nach Windisch und nach dem Kreuzen der Bahnlinie Richtung Moos ans linke Ufer der Reuss. Am Waldrand beginnt wieder ein Auengebiet; im Wald fallen einige sehr mächtige, alte Bäume auf. Auch die Reuss ist wegen eines Kraftwerks durch eine lange Insel in zwei Arme geteilt. Ein Stück vor dem Zusammenfluss mit der Aare endet die Insel. Bei der Mündung kann man die Reuss über die Eisenbahnbrücke überqueren; vorher lohnt es sich, dem linken Ufer noch ein kleines Stück weiter zu fol-

Abb. 7: Eine Kiesbank, die je nach Wasserstand mit dem rechten Ufer verbunden ist oder eine Insel bildet. Auf der ansteigenden Rampe erkennt man die Sukzession von Gräsern über Sträucher bis zu jungen Bäumen.

Abb. 8: Eine Weinbergschnecke hat sich an einem Baumstamm festgeklebt.

Abb. 9: Die Reuss im Vordergrund mündet unterhalb der Eisenbahnbrücke in die Aare. Geht man bei der Brücke noch etwas weiter zum Zusammenfluss hinter dem Bunker, überblickt man die Kiesinsel, auf der sich Wasservögel gerne ausruhen.

gen, bis man um die Ecke mehr von der Aare sieht. Auf der kleinen Insel gegenüber gibt es manchmal Wasservögel zu beobachten, die sich an diesem ruhigen Plätzchen niederlassen. Nach dem Abstecher geht es wieder zurück zur Brücke und über diese auf die andere Seite der Reuss nach Turgi. Wir folgen der Bahnlinie noch rund 150 Meter, biegen dann nach links ab und gehen auf der Strasse geradeaus weiter, wo der Wanderweg nach rechts abzweigt. Die Quartierstrasse führt zu einer Kreuzung auf Höhe der Aarebrücke.

P5 Brücke Vogelsang–Lauffohr

Auf dem Trottoir der Brücke hat man freie Sicht auf die Aare, wenn man sich einen Überblick verschaffen oder ein Foto aufnehmen möchte. Wer mit dem Auto für einen Rundgang zum Limmatspitz anreist, findet auf beiden Seiten der Brücke Parkmöglichkeiten. Unsere Wanderroute führt am rechten Aare-Ufer nach Norden Richtung Limmatspitz.

P6 Limmatspitz

Der Feldweg von der Brücke Vogelsang zur Limmat weist manchmal sumpfige Stellen oder grössere Pfützen auf – erst recht das Teilstück bis zum Zusammenfluss, das als Trampelpfad durch eine Weide verläuft. Bei Hochwasser ist von riskanten Abenteuern dringend abzuraten, zumal stellenweise das Ufer unterspült werden und einstürzen könnte. Im Zweifelsfall bleibt man besser ausserhalb des blau markierten Schutzgebiets und geht via Punkt 329 nach Süden zurück und durch die Schachenstrasse zur Limmatstrasse. Dieser folgt man flussaufwärts zur Vogelsangstrasse und weiter zum Bahnhof Turgi.

P7 Gebenstorfer Horn

Vom Bahnhof Turgi kann man noch einen Abstecher aufs Gebenstorfer Horn und wieder zurück anhängen oder von Windisch her die Reuss beim Kraftwerk statt via Bahnbrücke queren und durch Gebenstorf aufsteigen.

Abb. 10: Auf dem Gebenstorfer Horn befindet sich ein Aussichtspunkt mit Panoramablick. Von hier sieht man aufs Wasserschloss; der Winkel ist allerdings recht flach, sodass Teile der Aare und der Limmat sowie die Reuss fast komplett hinter dem Wald verborgen sind. Links von den Häusern im Vordergrund zeigen die Bahnbrücke und eine Schneise Richtung Bildecke den Verlauf der Reuss.

Abb. 11: Die Aare am Limmatspitz. Der erhöhte Abfluss überflutet Gras am Ufer, und die hohe Silberweide zwischen Aare und Limmat (rechts hinter den nahen Bäumen) steht im Wasser.

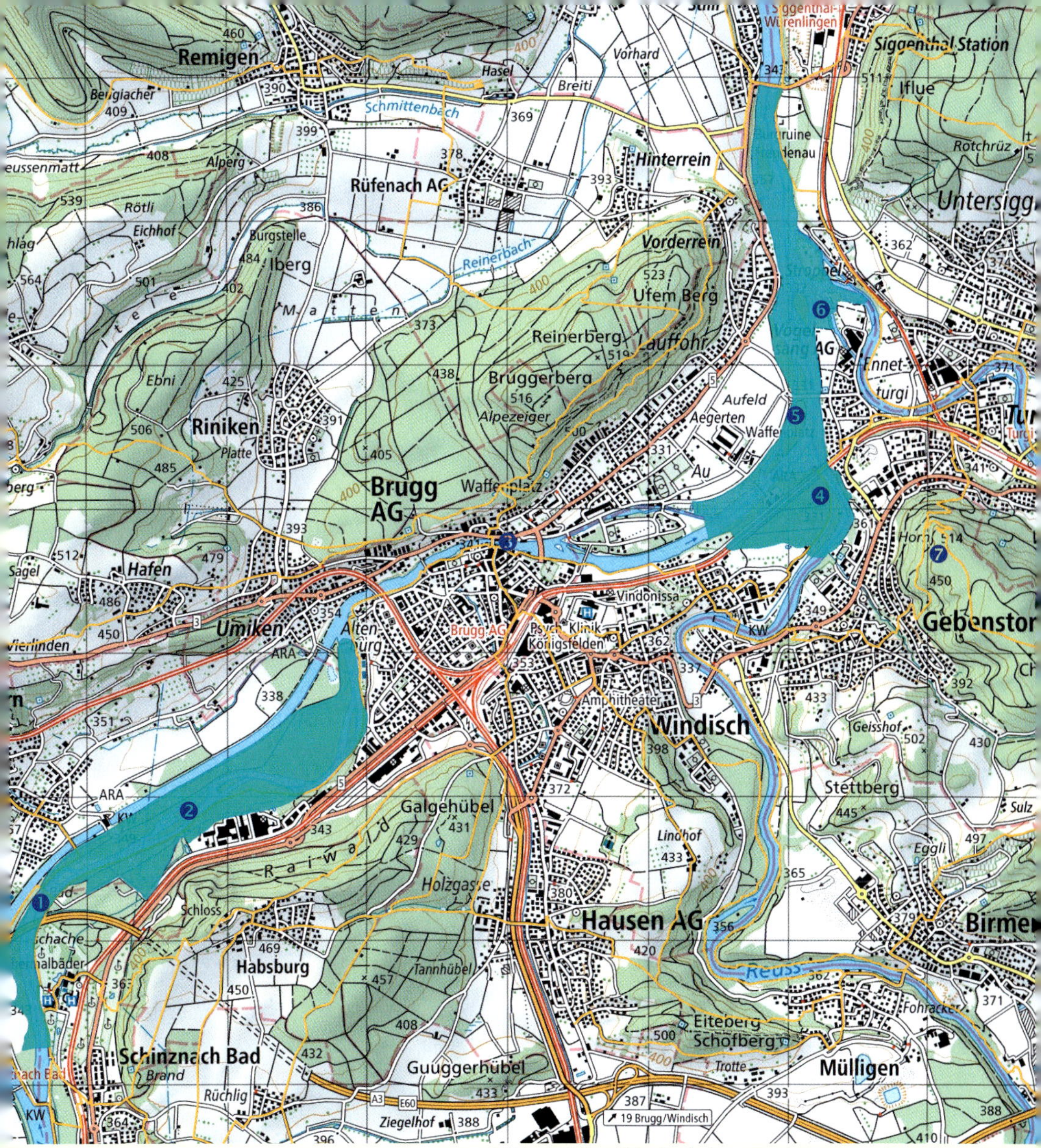

© Abdruck mit freundlicher Genehmigung von swisstopo, www.swisstopo.ch

Infos

KARTENMASSSTAB: 1:50 000

START/ZIEL: Bahnhof Schinznach Bad / Turgi

STRECKE: ca. 12 km

HÖHENDIFFERENZ: gering / Gebenstorfer Horn je ca. 200 Meter auf und ab

ZEITBEDARF: Reine Marschzeit ca. 3–4 Std.

RAST/VERPFLEGUNG: div. Lokale in den Ortschaften, z. B. Restaurant Kurve in Windisch

VARIANTEN: Verlängerung Bhf. Turgi–Gebenstorfer Horn und zurück ca. 3,6 km / 1,5 Std.

JAHRESZEIT: ganzjährig

VERKEHRSHINWEIS: Parkplätze in Bahnhofsnähe vorhanden

IM WEB:

▸ www.ag.ch/auenschutzpark

12

Bei der Vogelwelt am Klingnauer Stausee

Der unterste Abschnitt der Aare vor der Mündung in den Rhein war ursprünglich eine wilde Schwemmebene mit «beweglichen» Flussarmen, Kiesinseln und natürlichen Auenwäldern. Wegen der häufigen Überschwemmungen beschloss man, die Aare zu «korrigieren», und baute den Fluss von 1886 bis 1904 zu einem mit Hochwasserschutzdämmen gesicherten Kanal um.

Die Reste der Auen fielen später dem Einstau der Aare beim Bau eines Kraftwerks zum Opfer, das im Sommer 1935 seinen Betrieb aufnahm. Neben dem Hauptlauf der Aare entstanden mit dem Klingnauer Stausee immerhin neue Flachwasser- und Verlandungszonen. Diese raren Flächen entwickelten sich rasch zu einem beliebten Rastplatz für ziehende Wasservögel. Bereits 1938/1939 zählte man über 6000 Enten, die am Stausee überwinterten. Mittlerweile ist das Gebiet ein Vogelreservat von internationaler Bedeutung.

P1 Zufluss Seitenarm

Vom Bahnhof Döttingen erreicht man in wenigen Minuten die Brücke und über diese ein kleines Auenwäldchen. Dort zweigt ein Durchstich von der Aare in den langsamer fliessenden Flachwasserbereich am linken

Abb. 12: Aus der Luft erkennt man gut die seichten Bereiche im Klingnauer Stausee. Hier finden Watvögel und Enten reichlich Nahrung. Foto: © Oekovision GmbH

Abb. 13: Der schneeweisse Silberreiher hat es auf Fische abgesehen; ebenso der Kormoran, der vorn ins Bild schwimmt.

Abb. 14: Ein Paar Kolbenenten gönnt sich zwischendurch eine Pause und widmet sich der Gefiederpflege. Das Männchen schüttelt nach dem Bearbeiten der Federn seine Flügel.

Seeufer ab. Zunächst ist dieser Zufluss noch schmal und tief; er führt neben dem Fussweg auf dem Damm durch dichtes Schilf und weitet sich dann zu länglichen Teichen. Hier lohnt es sich, sowohl in die Bäume als auch aufs Wasser zu schauen, wo die Ufervegetation dies zulässt. Eisvogel, Reiher und Kormorane fischen gern in diesem Bereich; unter den Reiherarten auch die Grosse Rohrdommel, die regelmässig im Röhricht überwintert. Mit ihrem braun und schwarz gezeichneten Gefieder ist sie im vertrockneten Schilf gut getarnt und sehr schwer auszumachen, wenn sie sich nicht bewegt. In den letzten Wintern konnte man vereinzelt auch Seidenreiher entdecken, die eigentlich als Zugvögel gelten. Diese Art ist deutlich kleiner als der ebenfalls weisse Silberreiher, zudem erkennt man den Seidenreiher am schwarzen Schnabel und den gelben «Füssen» – anatomisch sind es nur die Zehen – an den dunklen Beinen.

13

14

15

16

17

P2 Beim Eichenbänklein

Auf der vom See abgewandten Seite fliesst ein Kanal dem Damm entlang; auch dort halten sich gelegentlich Eisvögel und Enten auf, jedoch kaum, wenn viele Leute unterwegs sind. Kurz nachdem der Kanal in einem Rohr verschwindet, steht am Seeufer eine mächtige Eiche auf einer Art Kiesrampe mit einer Bank. Diese Stelle ist sehr beliebt zum Beobachten und Fotografieren, weil die Schneise neben der Eiche Einblick auf die Schlickbank gegenüber wie auch auf die offene Wasserfläche weiter links gewährt. Vor allem während des Vogelzuges tauchen hier – je nach Wasserstand – manchmal seltenere Vogelarten wie Blaukehlchen, Tüpfelsumpfhühner, Bekassinen und andere Limikolen (Watvögel) auf und sind dann relativ nah zu sehen.

P3 Naturzentrum und Aussichtsturm

Das von BirdLife betriebene Naturzentrum informiert mit Ausstellungen und einem Naturlehrpfad über das Schutzgebiet, seine Fauna und seine Flora. Im Aussenbereich leben Frösche, Libellen, Ringelnattern und weitere Tiere. Als besondere Attraktion hat es ferner eine künstliche Brutwand für Eisvögel. Diese «fliegenden Edelsteine» mit dem eisblau schimmernden Rücken kann man in aller Ruhe aus einem Hide beobachten.

Nur ein kurzes Stück weiter steht ein Beobachtungsturm, der fast so hoch ist wie die Bäume daneben. Von zwei Plattformen sieht man auf die Wasserflächen und tiefer in die gestaffelten Schilfinseln hinein. In den Kronen der Eichen links und rechts sind zuweilen Singvögel zu entdecken; vor und über dem Turm jagen manchmal Schwalben, Baumfalken oder, bei Beginn der Abenddämmerung, auch Fledermäuse.

P4 Auf dem Damm

Der Weg setzt sich entlang einer Baumreihe fort, die nur vereinzelt durch kleine Lücken den Blick auf den See freigibt. Gleichwohl halten sich dort manchmal Enten auf, und ab und zu hört man einen Eisvogel rufen, der vorbeifliegt oder auf einem seeseitigen Ast sitzt. Leichter beobachten lassen sich hier kleinere Singvögel in den Bäumen und Sträuchern am Weg. Durch ein Tor zwischen den Pferdekoppeln gelangt man zum Restaurant Oase, falls man sich zwischendurch verköstigen und im Winter aufwärmen möchte.

Nach einem Knick des Weges nach rechts und dem «Birkenbänklein» endet die Baumreihe, und ein Schilfstreifen säumt ein Stück weit den schnurgeraden Weg auf dem Damm. Der Abstand zum Schilf ist hier gerade gross genug, dass man manchmal Arten wie Rohrammer, Schwanzmeise, Rohrsänger und meist auch Feldsperlinge antreffen kann, ohne sie gleich in die Flucht zu schlagen. Ab dem Ende des Schilfstreifens hat man freien Blick auf den See. Zwischen den Schilfinseln beim Hochspannungsmast ist eine seichte Stelle, wo sich besonders gerne verschiedene Wat- und Wasservögel aufhalten. Im Winter

Abb. 15: Im Winter, wenn das Laub abgefallen ist, kann man den prächtig gefärbten Eisvogel leichter entdecken. Hier späht er nach Fischen.

Abb. 16: Genau hinschauen lohnt sich beim Tiere beobachten. Hätten Sie bemerkt, wer hinter dem Silberreiher im Schilf ein Nickerchen macht?

Abb. 17: Rostgänse und Schnatterenten sind häufige Wintergäste am Klingnauer Stausee.

zum Beispiel häufig Grosse Brachvögel, die mit ihren langen, gebogenen Schnäbeln im Schlick stochern. Wegen der stattlichen Distanz zu den Schilfinseln ist ein Fernrohr für längeres Beobachten zweckmässig; damit lassen sich auch kleinere Arten leichter finden und bestimmen. Zwischendurch fliegen Schwärme von Brachvögeln zur Nahrungssuche über den Damm auf die Äcker und Felder. Ebenso tun das auch Gänse; mehrheitlich sind es Graugänse, gelegentlich mischen sich aber auch andere Arten darunter. Den Strommast mitten im See nutzen neben Kormoranen und Krähen gelegentlich auch Wanderfalken oder Fischadler als Sitzwarte.

P5 Gippinger Grien

Auch im Kanal links vom Damm gibt es Vögel zu entdecken; etwa Reiher, Krick- oder Knäkenten sowie ab und an einen Eisvogel. Kurz

18

19

Abb. 18: Eine ganz und gar nicht alltägliche Begegnung: Ein Fuchs kreuzt zwischen dem Naturzentrum und dem Beobachtungsturm den Uferweg. Je öfter man ein Gebiet besucht, umso mehr Arten kann man über die Jahre entdecken.

Abb. 19: Gerade auch bei Regenwetter, wenn fast keine anderen Leute draussen sind, hat man mehr Ruhe, um Tiere zu beobachten. Hier einen Löffler.

Abb. 20: Dieses Reh wurde wohl aufgescheucht, schwamm über den See und kam hier an Land.

Abb 21: Weit draussen im seichten Wasser sind die Vögel ziemlich ungestört.

vor dem Stauwehr hat es rechts am See einen Rastplatz mit Tischen und links eine Abzweigung zu einer Brücke über den Kanal. An der ARA vorbei führt ein Weg durch den Auenwald des Gippinger Griens. Bei der Markierung P5 auf der Karte und bei den Wasserflächen weiter hinten kann es sich lohnen, nach Vögeln Ausschau zu halten. Auch Biber, Bisamratten und sogar eine Rotte Wildschweine wurden dort schon gesichtet. Dieser Weg ist nicht immer durchgängig; besonders der hintere Teil nahe der Strasse steht jedes Jahr zeitweise unter Wasser. Kommt man bis zur Rampe an der Strasse durch, gelangt man auf einem Trampelpfad weiter zur Eisenbahnbrücke und über diese zum Giriz.

20

P6 Giriz

Der Wanderweg führt über das Stauwehr und eine Treppe auf dem Kraftwerkgelände hinunter zum rechten Aare-Ufer. Nach dem Kreuzen der Bahnlinie beginnt der Auenwald. Auch hier ist die spannendere Variante nicht unbedingt der offizielle Wanderweg, der rechts abzweigt und direkt zum Bahnhof Koblenz führt, sondern die Fortsetzung des Uferwegs bis zur Brücke am Rhein – falls er denn passierbar ist. Ab einem gewissen Wasserstand wird der Weg überflutet. Sonst erreicht man abermals einen Pfad neben der Strasse und passiert einen Teich im Auenwald.

21

22

23

24

P7 Machme und rechtes Aare-Ufer

Als Variante kann man auch ganz klassisch den See umrunden. Hinter dem seeseitig betonierten Damm am rechten Aare-Ufer fliesst ein streckenweise renaturierter Kanal. Darin und in den Felden dahinter trifft man häufig Vögel auf der Nahrungssuche an. Manchmal auch direkt an der Böschung des Damms.

Die blau markierte Fläche neben P7 umfasst die Machme mit einem verlandeten und später wieder ausgebaggerten Altlauf, der von Bäumen gesäumt ist. In diesem Gebiet sind weitere Schutzmassnahmen in Planung.

Abb. 22: Der Auenwald im Gippinger Grien steht bei erhöhtem Abfluss der Aare teils unter Wasser.

Abb. 23: Wildschweine im Gippinger Grien.

Abb. 24: Im Giriz durchziehen Reste früherer Flussläufe den Wald. Diese zählen mit dem Gippinger Grien und dem Gebiet Fischergrien-Weerd südlich von Kleindöttingen zu den national bedeutenden Amphibienlaichgebieten.

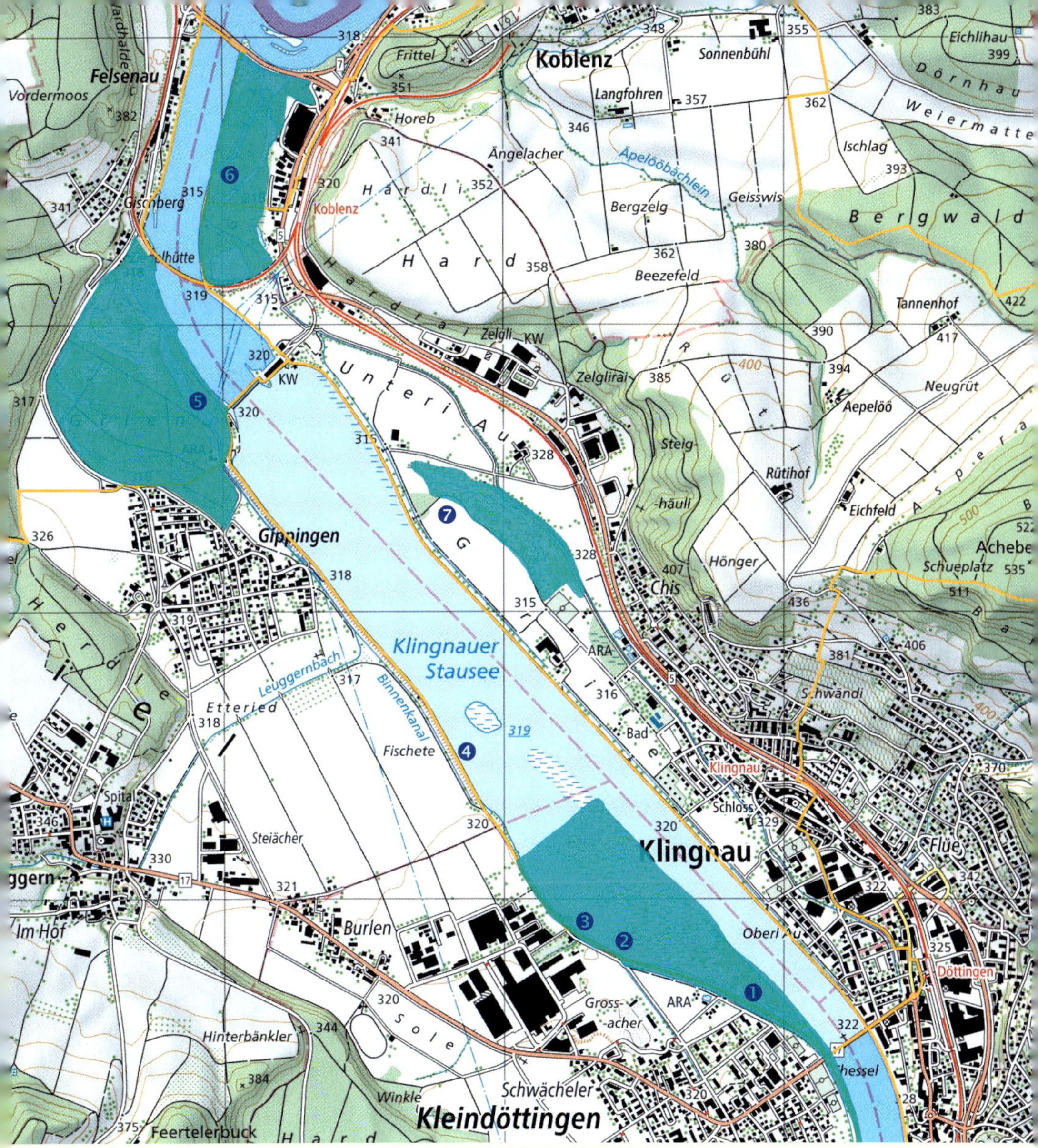

© Abdruck mit freundlicher Genehmigung von swisstopo, www.swisstopo.ch

Infos

KARTENMASSSTAB: 1:25 000

START/ZIEL: Bahnhof Döttingen / Koblenz

STRECKE: ca. 5,5–7 km ohne/mit Verl. P5 u. P6

HÖHENDIFFERENZ: gering

ZEITBEDARF: reine Marschzeit ca. 1,5–2 Std.

RAST/VERPFLEGUNG: Rest. Oase nahe Naturzentrum, weitere Lokale in den Ortschaften

VARIANTEN: Rundwanderung um den See, evtl. mit Abstecher zur Machme (Brücke bei P7; die Wegführung dürfte sich mit der geplanten Umgestaltung in den nächsten Jahren ändern).

JAHRESZEIT: ganzjährig

VERKEHRSHINWEIS: Parkplätze z. B. bei Aarebrücke in Kleindöttingen; an Kraftwerkzufahrt

IM WEB:

- naturzentrum-klingnauerstausee.ch
- www.ag.ch/auenschutzpark
- www.restaurantoase.ch

25

Rundwanderung Flachsee

Im Reusstal liegen zwei weitere vogelkundlich interessante Gebiete des Auenschutzparks: der Flachsee und die Stille Reuss gleich daneben. Von der Bushaltestelle oder dem Parkplatz bei der Brücke Rottenschwil aus lassen sich beide in einer Acht umrunden.

Der Flachsee entstand 1975, als im Zuge der «Reusstalsanierung» das Kraftwerk Bremgarten-Zufikon erbaut und die Reuss aufgestaut wurde. An ihrem rechten Ufer steigt das Gelände sanft zu einem Hügelzug an; das linke Ufer säumt ein Hochwasserdamm. Dahinter befinden sich neben Ackerland und dem Siedlungsgebiet noch die Reste von früheren Flussmäandern: die Stille Reuss und das Rottenschwiler Moos.

Wie der Klingnauer Stausee hat sich auch der Flachsee bald zu einem Wasser- und Zugvogelreservat von nationaler Bedeutung entwickelt. Vor allem während des Vogelzugs wird es rege von Birdern aufgesucht – erst recht, wenn sich die Kunde breitmacht, dass im Gebiet gerade irgendwelche Raritäten anzutreffen sind.

P1 Beobachtungshide

Vormittags empfiehlt sich die Richtung im Gegenuhrzeigersinn um den See, so erreicht man früh den Hide und hat weniger Gegen-

Abb. 25: Die sumpfigen Flächen werden mit Wasserbüffeln beweidet, um den Bewuchs kurz zu halten. Daher sind einige Areale im Schutzgebiet eingezäunt. An heissen Tagen kühlen sich die Tiere gern im Wasser ab.

Abb. 26: Der Hide am rechten Ufer des Flachsees ist tagsüber ab 8 Uhr geöffnet und ermöglicht es, Vögel zu beobachten, ohne sie zu stören. Im Schilf, auf dem Wasser und der Insel entdeckt man mit etwas Glück mitunter seltene Arten.

Abb. 27: Eine Rohrdommel fliegt aus dem Schilf neben dem Hide auf und direkt vor die Linse.

26

27

licht beim Beobachten zur Schlickinsel hin, wo üblicherweise die meisten Vögel zu erwarten sind. In den kühlen Jahreszeiten sollte man allerdings bedenken, dass sich im Reusstal häufig zäher Nebel bilden kann.

Gewisse Zugvögel haben schon einen massiven Ansturm auf den Flachsee ausgelöst. Zum Beispiel Fischadler und Rohrdommeln, die ungewöhnlich lange und einfach zu beobachten waren, was eher die Ausnahme darstellt. Die Mehrheit der Fischadler rastet nur kurz im Gebiet und zieht dann weiter. Dass Rohrdommeln hier überwintern, ist zwar nicht so ungewöhnlich, der genaue Standort und die Dauer hängen indes von der jeweiligen Wettersituation und dem Nahrungsangebot (auch an alternativen Orten) ab.

P2 Inseln

Nach dem Hide verläuft der Weg weiter hinter den Bäumen; man sieht praktisch nur durch eine einzelne Lücke im Wald auf den See. Ein Stück weiter endet der Wald, und es wird wieder übersichtlicher. Im Schilfstreifen und den Büschen zwischen dem Weg und dem See entdeckt man häufig kleinere Singvögel, während sich im Wasser und auf den Inseln meist Kormorane, Reiher, Möwen und, von Frühling bis Herbst, verschiedene Watvögel versammeln – teils in grösserer Anzahl, so etwa Kiebitze auf dem Zug. Auf der Kiesinsel brütet diese Art auch, zusammen mit Flussregenpfeifern und Mittelmeermöwen. Letztere beanspruchen Platz und schnappen sich bei Gelegenheit auch mal Jungvögel, andererseits verjagen die grossen Mittelmeermöwen andere Feinde wie Krähen oder sogar Füchse.

P3 Dominilochsteg

Die Fortsetzung des Weges führt am Geisshof vorbei zum wieder schmaleren Teil der gestauten Reuss und zu einer gedeckten Holz-

28

29

30

31

brücke. Das Dominiloch, nach dem die Brücke benannt ist, ist eine Art Scharte im Steilufer ein paar Steinwürfe flussabwärts. Dort verlief einst die Grenze zwischen der Grafschaft Baden und dem Kanton Zürich. Wir wechseln über die Brücke auf die andere Seite und gehen nach links entgegen der Flussrichtung dem Ufer entlang weiter.

P4 Dammweg und Rottenschwiler Moos

Vorbei an einer Baumschule nähert sich der Weg wieder dem breiteren Teil des Flach-

Abb. 28: Nachdem sich der Morgennebel verzogen hat, landet ein Fischadler vor blauem Himmel.

Abb. 29: Der Dominilochsteg, eine überdachte Holzbrücke über die aufgestaute Reuss in der Nähe des Klosters Hermetschwil.

Abb. 30: Am linken Ufer verläuft der Weg näher am Wasser und bietet über lange Strecken eine freie Sicht auf den Flachsee und seine Umgebung.

Abb. 31: Der seltene Wasserschwaden wächst entlang des Damms stellenweise direkt am Weg.

sees. Auf Höhe der Inseln hat es an zwei Stellen längliche Beobachtungshügel, die einen besseren Blick über das Schilf hinweg zu den Inseln bieten. Bei einem dieser Wälle öffnet ein Altlauf eine Schneise durch den Wald und gibt Einblick weit ins Rottenschwiler Moos.

Am Flachsee kommen gefährdete Pflanzenarten wie der Wasserschwaden (*Glyceria maxima,* deutsch auch Grosses Süssgras) vor, ebenso Libellen, etwa die Grüne Flussjungfer, die Blauflügel- und die Gebänderte Prachtlibelle. Man kann also auch ohne Fernrohr direkt am Wegesrand Interessantes beobachten.

32

Auf dem Damm geht es zurück zur Brücke Rottenschwil; dort überqueren wir die Strasse, um die zweite Schlaufe der Acht um die Stille Reuss zu beginnen. Hier geht es nicht direkt am Ufer weiter, sondern ganz hinten rechts beim grossen Parkplatz gegenüber dem Restaurant Hecht.

P5 Auenwald und Holzsteg

Zwischen den beiden Wegen parallel zum Reussufer befinden sich zu unserer Linken Wald und ein paar schmale Wasserflächen. Neben dem Waldstreifen liegt mehrheitlich offenes Gelände. Ungefähr im Mai/Anfang Juni blühen im Ried die violettblauen Sibirischen Schwertlilien, ein wenig zeitlich versetzt öffnen dann auch die Gelben Schwertlilien ihre Blüten.

33

Am Waldrand bietet ein kleiner Sandhügel mit Teilen eines alten Baumstamms Eidechsen Unterschlupf. Im Gebiet kommen die Zauneidechse und die etwas schlankere Mooreidechse vor. Aus dem Waldstreifen entlang der Reuss vernimmt man gelegentlich den flötenden Gesang eines Pirols. Obschon das Männchen mit seinem leuchtend gelben Gefieder mit schwarzen Flügelflecken sehr auffällig gefärbt ist, ist es hoch oben in den Baumkronen selten zu entdecken, wenn die Bäume ihr Laub ausgetrieben haben.

Wir treffen neben dem Weg auf einen Holzsteg im Schilfgürtel eines kleinen Weihers. In der warmen Jahreszeit kann man sich hier hinsetzen, um Libellen und Frösche zu beobachten. Gelegentlich zeigen sich im Schilf oder auf der Wiese auch Singvögel, zum Beispiel Rohrsänger, Amseln oder Stare. Letztere versammeln sich abends gern in Schwärmen und lassen sich auf Bäumen oder im Röhricht nieder, in dessen Deckung sie schliesslich übernachten. Ebenso nutzen Blässhühner und Stockenten den Teich; vielleicht schlängelt sich gar eine Ringelnatter durchs Wasser.

P6 Stille Reuss

Bei der Wegkreuzung endet landseitig das Schutzgebiet; wir biegen rechts ab und folgen der Grenze. Auf den Feldern sind häufig Störche und Reiher zu sehen, manchmal auch Kiebitze, Ringeltauben oder Gänse. Meist sind es Graugänse, die in der Umgebung brüten; in der Zugzeit können sich auch mal andere Arten daruntermischen, etwa Saat- oder Blässgänse. Auf der «Halbinsel», die wir umrunden, brüten Kiebitze, zudem halten sich auf den trockenen Flächen hinter dem Schilf gerne Rehe und Feldhasen auf, die von der Ruhe im Schutzgebiet profitieren. Ausser zum Mähen geht kein Mensch dorthin, die Tiere sind daher ungestört und oft auch tagsüber zu sehen. Am besten mit einem Fernrohr.

Die grosse, bogenförmige Wasserfläche des Altlaufs ist teilweise von den Blättern der Gelben Teichrose bedeckt. Darauf ruhen oft Libellen verschiedener Arten. Zu den spezielleren gehören die Zierliche Moosjungfer, die Feuerlibelle und das Granatauge. Aus dem Schilfsaum hört man im Frühling und Sommer den Drosselrohrsänger lautstark und abgehackt rufen; der häufigere und kleinere Teichrohrsänger hat eine dezentere Stimme und einen eher «geschwätzig» wirkenden Gesang. Manchmal klettern die Rohrsänger an einem Schilfstängel hoch hinauf oder fliegen ein Stück vor dem Schilf übers Wasser, dann sind sie leichter zu beobachten. Der Kuckuck schiebt als Brutschmarotzer gerne den Rohrsängern ein Ei unter, daher ist hier auch sein Ruf ab Mai häufig zu vernehmen. Um ihn auf seiner Sitzwarte zu sehen, muss man meist ziemlich genau hinschauen, denn er ist recht unscheinbar graubraun gebändert.

Abb. 32: Doppeltes Beobachtungsglück an einem Regentag: Ein Biber schwimmt durch den Altlauf, während dicht daneben ein Eisvogel über dem Wasser angeschossen kommt.

Abb. 33: Wenn an sonnigen Frühlingstagen die Libellen fliegen, stehen die Chancen gut, an der Stillen Reuss jagende Baum- und Rotfussfalken zu entdecken. Auch Purpurreiher und Zwergdommeln tauchen hier hin und wieder auf.

Abb. 34: Im Schilf beim Beobachtungssteg tummeln sich nicht nur Frösche und Rohrsänger – auch Stare nutzen es manchmal als Schlafplatz.

34

Auffälliger sind fliegende Kiebitze und Greifvögel. Zum einen machen die Kiebitze einigen Radau, wenn sich ein Feind – eine Krähe oder ein Milan zum Beispiel – ihrem Nest nähert, und während des Zuges bilden sie manchmal Schwärme von mehreren Dutzend oder ein, zwei Hundert Vögeln. Zum anderen kreisen Bussarde und Milane frei am Himmel, während jagende Falken häufig im Tiefflug übers Schilf und übers Wasser flitzen – vor allem, wenn sie es auf Libellen abgesehen haben. Dies ist bei rastenden Rotfussfalken oft der Fall. Der Wanderfalke und der Baumfalke halten sich eher an Vögel; der Turmfalke vor allem an Mäuse, Bodeninsekten und Würmer. Den Turmfalken sieht man häufig «rütteln»: Er bleibt mit speziell ausladenden, raschen Flügelschlägen wie angenietet in der Luft stehen, während er aufmerksam seine Beute fixiert und dann im Sturzflug auf sie hinuntersticht.

35

36

Das letzte Stück zurück zur Bushaltestelle führt auf dem Trottoir der Strasse entlang. Wer sich vertieft über das Reusstal informieren möchte, kann noch einen Zwischenhalt im Zieglerhaus einlegen. Dort unterhält die Stiftung Reusstal eine Ausstellung zur Natur der Region; sie ist jeweils am ersten Sonntag des Monats am Nachmittag geöffnet.

P7 Giriz und Weerderhölzli

Die beschriebene Runde um die Stille Reuss ist die kürzeste Variante; der Naturpfad «Stille Reuss/Giriz» führt gemäss der Karte der Stiftung Reusstal in umgekehrter Richtung um die Stille Reuss, bei der Kreuzung am Waldrand weiter nach Süden und auf dem linken Reussuferweg zurück; eine dritte Variante geht noch weiter nach Süden bis zur Brücke bei Werd und auf der anderen Seite der Reuss dem Weerderhölzli entlang zurück zum Ausgangspunkt in Rottenschwil. Diese Strecke verläuft durch mehr Auenwald, wo man andere Arten – zum Beispiel den Pirol – findet als im offenen Gelände und im/am Wasser.

Abb. 35: Ein Baumfalke streift im Jagdflug die Wasseroberfläche. Nur Millisekunden später packt er die Kleine Königslibelle mit seinen Fängen.

Abb. 36: Die Zwergdommel klettert vorsichtig dicht über dem Wasser an den Schilfstängeln herum. Sieht sie einen Fisch oder Frosch in Reichweite, lässt sie ihren Kopf vorschnellen und pflückt die Beute mit dem Schnabel auf. Auch die Zwergdommel erbeutet ab und zu Libellen.

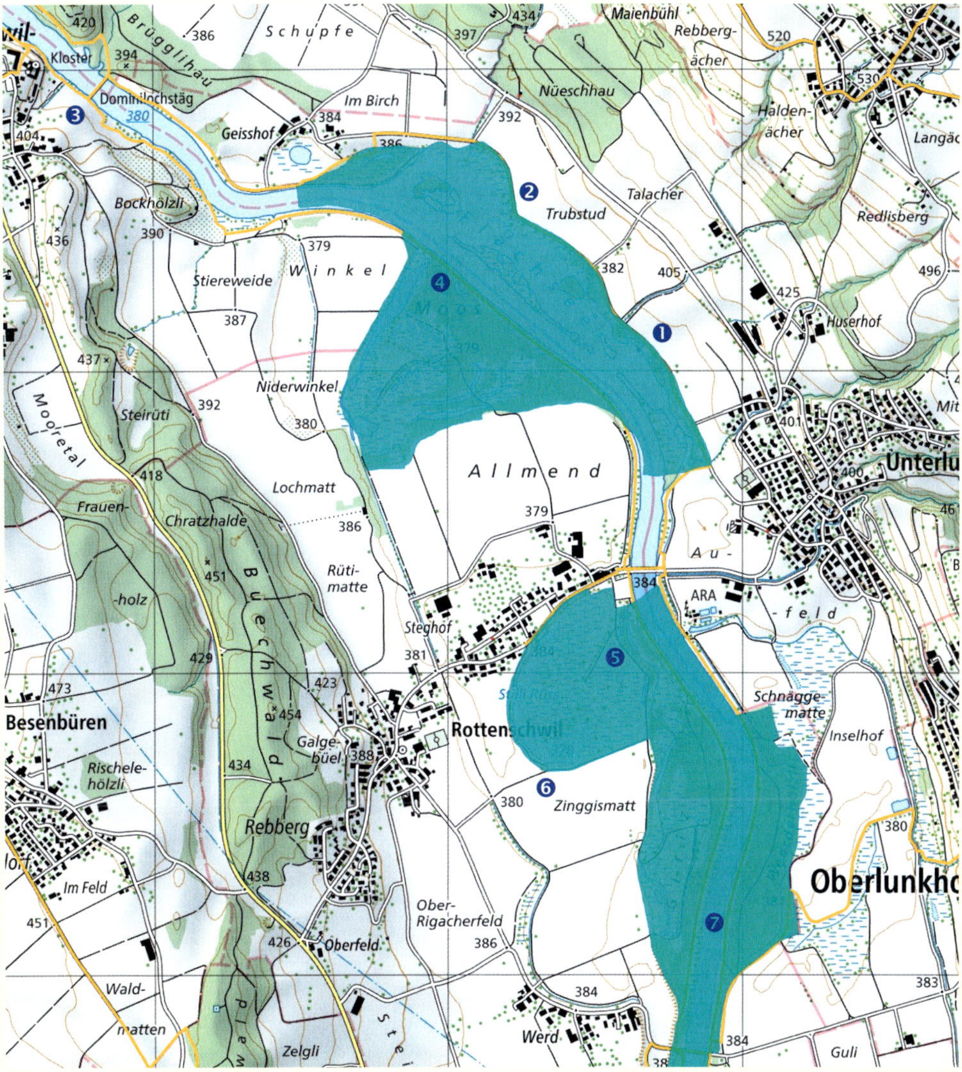

© Abdruck mit freundlicher Genehmigung von swisstopo, www.swisstopo.ch

Infos

KARTENMASSSTAB: 1:25 000

START/ZIEL: Bushaltestelle Rottenschwil Hecht

STRECKE: ca. 8,2 km (ohne Giriz)

HÖHENDIFFERENZ: gering

ZEITBEDARF: Reine Marschzeit ca. 2 Std.

RAST/VERPFLEGUNG: Landgasthof zum Hecht

VARIANTEN: Die Route des Naturpfads «Stille Reuss/Giriz» ist 1 km länger (+ 15 Min.), die Route über die Brücke Werd 3 km (+ 45 Min.).

JAHRESZEIT: ganzjährig

VERKEHRSHINWEIS: Parkplätze hat es auf beiden Seiten der Reussbrücke Rottenschwil und gegenüber vom Restaurant Hecht.

IM WEB:

- www.stiftung-reusstal.ch (s. a. Karte der Naturpfade «Flachsee» und «Stille Reuss/Giriz» mit Liste der Infotafeln; div. Exkursionsführer)
- www.ag.ch/auenschutzpark
- www.hecht-rottenschwil.ch

Aare bei Belp

Zwischen Thun und Bern hat die Aare einen ähnlichen Charakter wie oberhalb des Wasserschlosses im Aargau: ein breiter Fluss mit wenig Gefälle und weitgehend begradigtem Verlauf zwischen Kulturland, Siedlungen und Autobahn.

Gleichwohl finden wir auch in der Nähe der Hauptstadt Gebiete mit Auencharakter, insbesondere einen rund zehn Kilometer langen Flussabschnitt von Münsingen bis Wabern. Trotz der Hochwasserdämme sind am Ufer noch einige naturnahe Reste der früheren Schwankungsbreite des Flussbettes erhalten. Darunter auch einige Giessen; das sind Grundwasserquellbäche oder Altarme, durch die klares, sauerstoffarmes Wasser langsam hindurchfliesst und die deshalb noch nicht zu trüben Stehgewässern geworden sind, die in der Folge langsam verlanden. Im Bundesinventar ist das ganze Auen-Objekt mit 418 ha Fläche als «Belper Giessen» erfasst.

P1 Schützefahrbrügg

Wir starten unsere Erkundung bei der Badi Münsingen und gehen über die Brücke ans linke Ufer der Aare. Dieser folgen wir fluss-

1

abwärts auf dem Wanderweg direkt am Ufer, nicht auf dem breiteren Forstweg, der mitten durch den Wald führt.

P2 Wald, Nebengerinne

Der Wald zu unserer Linken sieht abschnittsweise mal mehr, mal weniger bewirtschaftet aus. An den feuchteren Stellen, die etwas wilder aussehen, geht die Anmutung schon ein wenig in Richtung Auenwald. Je nach Jahreszeit trifft man im Unterholz auf einige typische Pflanzenarten, die mit einem feuchten bis nassen Boden klarkommen. Zum Beispiel Schachtelhalme, Seggen oder Bärlauch. Und natürlich Moose.

An beiden Ufern der Aare befinden sich in Abständen zementierte oder mit Felsblöcken aufgeschichtete Vorsprünge, sogenannte Buhnen. Diese beeinflussen die Strömung und die Erosion der Flusssohle beziehungsweise

2

3

Abb. 1: Blick zurück zum Startort bei der Brücke neben der Badi. Im Mai liegt auf den Berghängen im Hintergrund noch Schnee, während in der Ebene das Laub austreibt.

Abb. 2: Auf dem Totholz und am feuchten Boden im Auenwald wächst viel Moos. Verrottende Baumstämme und -stümpfe nehmen Insekten und deren Eier/Larven auf; diese dienen unter anderem Vögeln als Nahrung. Pilze zersetzen das Holz und bringen Nährstoffe in den Kreislauf zurück.

Abb. 3: Der Bärlauch mag schattige, feuchte Standorte. Die Knospen stehen kurz vor der Blüte.

die Ablagerung von Geschiebe. Seit der Umleitung der Kander in den Thunersee führt die Aare zu wenig Geschiebe mit und gräbt sich wegen der hohen Fliessgeschwindigkeit im kanalisierten Flussbett langsam tiefer in den Grund hinein. In den verbreiterten Bereichen im Auengebiet verlangsamt sich die Strömung, und dort wird nun eher Material abgelagert als weggespült.

Zwischen dem Weg und der Aare sind ein paar unterschiedlich lange und tiefe Nebenarme angelegt. Einzelne können trocken fallen, andere führen praktisch immer Wasser. So finden viele Pflanzen- und Tierarten der Auen passende Lebensräume.

Die Aare selbst darf mit Booten befahren werden, und die Strecke von Thun nach Bern ist sehr beliebt. An schönen Sommertagen herrscht oft viel Betrieb. Um die Tiere zu schonen, empfehlen Hinweistafeln, sich während der Setz- und Brutzeit vom 1. April bis zum 31. Juli nur tagsüber im Gebiet aufzuhalten und die Wege nicht zu verlassen. Ausserdem gelten natürlich auch die üblichen Regeln im Naturschutzgebiet; untersagt sind unter anderem die Beeinträchtigung und Störung der Tier- und Pflanzenwelt, das unbeaufsichtigte Laufenlassen von Hunden, das Campieren und die Ruhestörung durch Lärm oder laute Musik. Das sollte für Naturfreunde ohnehin selbstverständlich sein.

P3 Inseln, Hunzigebrügg

Vor der nächsten Brücke über die Aare, die nach Rubigen führt, kommt ein renaturierter Bereich. Hier trifft man im Fluss und am Ufer auf Kies- und Sandbänke. Sie sind je nach Alter und Hochwassereinfluss zum Teil bewachsen. Stellenweise erkennt man die Sukzession von Pionierpflanzen über Sträucher bis zu Baumbeständen. Linker Hand verbergen sich im Wald, mit einigem Abstand

4

vom Weg, die Giessen. Dieser Bereich ist ein bedeutendes Amphibienlaichgebiet.

Auf der anderen Seite der Aare befindet sich hinter der Autobahn die Hunzigenau mit ein paar Teichen. Sie liegen auf einer Art Lichtung, die von Bäumen und zur Aare hin von einem Waldstreifen gesäumt wird. Ein Weg führt ganz aussen herum. Diese geschützte Lage dürfte das Gebiet unter anderem für Wasservögel interessant machen, vor allem, wenn an der Aare viel Erholungsbetrieb herrscht und sich Badende auf den Kiesbänken tummeln. Die hier vorgeschlagene Wanderroute berücksichtigt nur das linke Aareufer, das weiter vom Autobahnlärm entfernt ist; wer viel Zeit hat oder zur Abwechslung eine andere Variante kennenlernen möchte, für den könnte sich ein Abstecher über die Brücke mit einer kleinen Runde südlich von Hunziken lohnen. Der Kanton Bern erhielt 2009 für seinen Renaturierungsfonds den Schweizer Gewässerpreis, wobei speziell die Hunzigenau als Vorbild herausgestrichen wurde. Unter den Arten, denen die Renaturierung zugute kam, seien die Äsche, die Ringelnatter und der Kleinspecht erwähnt. Bei den Pflanzen ist es unter anderem der Schweizer Alant, ein 40–150 cm hohes Asterngewächs mit gelben Blüten. Der Bestand hier an der Aare ist eines der wenigen natürlich angestammten – also nicht angesiedelten – Vorkommen in der Schweiz.

P4 Giesse

Nach der Hunzigebrügg geht es landschaftlich im etwas monotonen Stil eines über lange Strecken geraden Uferweges durch den Wald weiter. Spannender wird es jeweils dort, wo die Giessen bis nahe an den Damm und den Weg reichen. Diese Wasserflächen und ihre Ufer wirken optisch viel urtümlicher und wilder als die vom Damm begrenzte Aare. Wegen des Niveauunterschieds und der steilen Böschung erhält man auf dem Damm an einigen

5

6

Abb. 4: Eines der mit der Aare verbundenen Nebengerinne: Hier ist die Fliessgeschwindigkeit langsamer als im Hauptarm. Im Wasser liegendes Holz nutzen manche Fischarten gern zum Laichen.

Abb. 5: Ein Amselmännchen schaut argwöhnisch von seiner Sitzwarte herunter.

Abb. 6: Die Metallplakette an einem Findling neben dem Weg erinnert an ein Hochwasser, bei dem sich ein Dammbruch ereignete. Damals setzte die Aare das Belpmoos samt Flughafen grossflächig unter Wasser und schnitt die Region Belp von der Autobahn ab.

Stellen trotz des dichten Unterholzes Durchblick aufs Wasser. In den Giessen kann man den einen oder anderen Biberbau entdecken und mit viel Glück auch einen Bewohner.

P5 Auguetbrügg

Wer es eilig hat, kann schon beim Jägerheim Richtung Belp abzweigen und an der Flugplatzstrasse nach rechts zur Haltestelle Giessenbad gehen. Ein besseres «Schlussbouquet» führt weiter bis zur Auguetbrügg und dort links über eine Brücke mit freier Sicht in den Giessen, dann bis direkt vor den Flughafen.

Abb. 7: Hier haben Biber im Giessen eine Burg gebaut. Entlang der Wanderstrecke kann man mehrere solche Bauten finden.

Abb. 8: Ein Biber in seinem Lebensraum auf der Nahrungssuche.

Abb. 9: Wie ein Stück Treibholz gleitet der stattliche Nager hier still und heimlich durchs Wasser. Schräg von oben erkennt man auch den untergetauchten Teil seiner langen und breiten «Kelle».

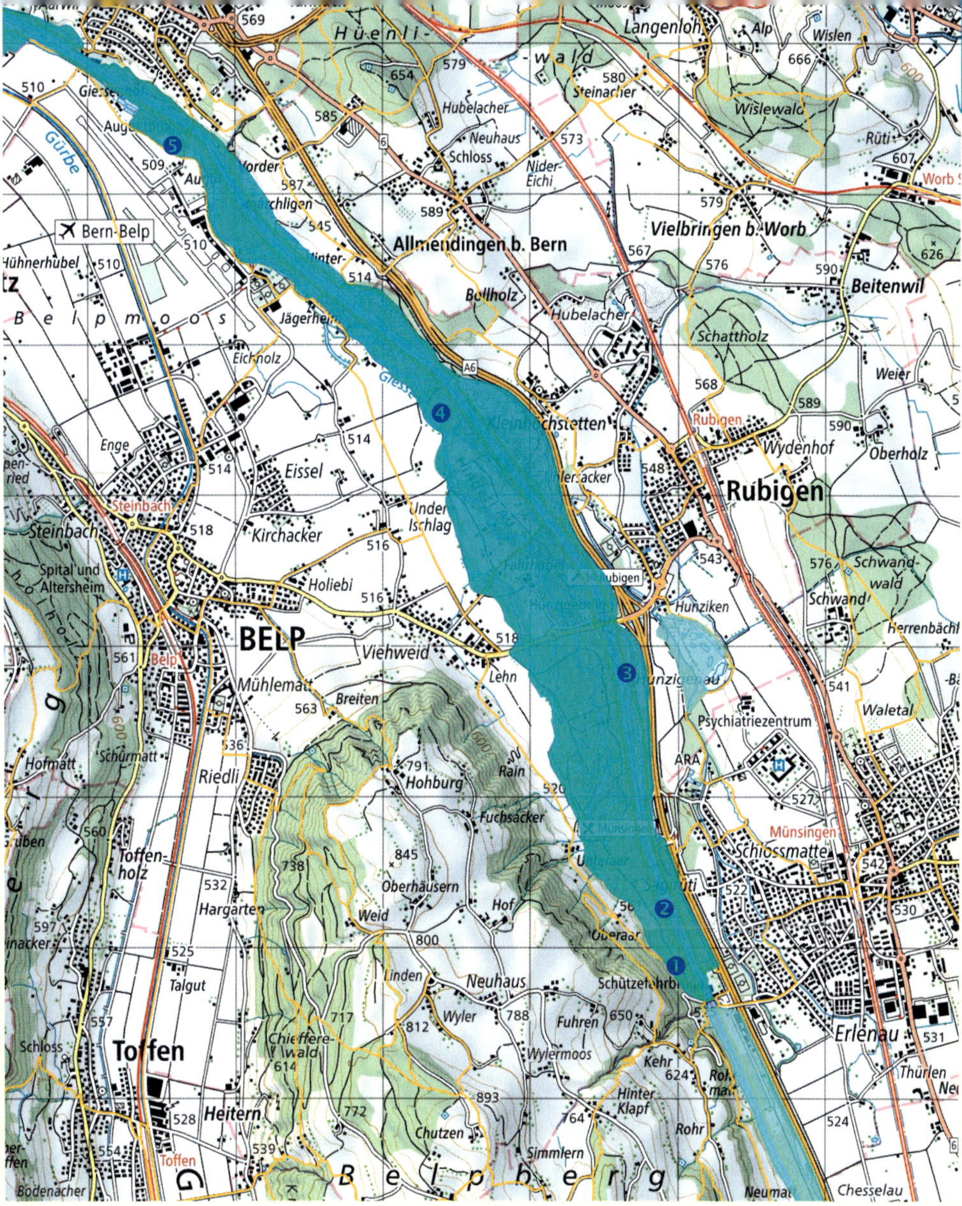

© Abdruck mit freundlicher Genehmigung von swisstopo, www.swisstopo.ch

Infos

KARTENMASSSTAB: 1:50 000

START/ZIEL: Bushaltestelle Münsingen, Badi / Bern Flughafen

STRECKE: 8 km

HÖHENDIFFERENZ: wenige Meter

ZEITBEDARF: Reine Marschzeit 2 Std.

RAST/VERPFLEGUNG: Restaurant Campagna, Belp (bei der Hunzigebrügg)

VARIANTEN: Über eine der Brücken und am anderen Aareufer zurück zum Startpunkt; auf der linken Seite der Aare weiter bis Bern (z. B. zum Tierpark Dählhölzli); Abkürzung um ca. 1 km via Jägerheim; Abstecher zur Hunzigenau über die Hunzigebrügg und zurück (+ 3 km)

JAHRESZEIT: ganzjährig

VERKEHRSHINWEIS: Parkplätze bei der Badi

IM WEB:

- www.aarelauf.ch
- www.campagnabelp.ch

Sensegraben

Die Warme Sense entspringt aus dem Schwarzsee und die Kalte Sense im Gantrischmassiv. Unterhalb des Zusammenflusses bleibt die Sense ursprünglich wild, und der Abschnitt bis Thörishaus ist durchgehend Auengebiet.

Das «Schwarzenburgerland mit Sense- und Schwarzwasser-Schluchten» ist Teil des Bundesinventars der Landschaften und Naturdenkmäler (BLN), zudem gehört es auch zum Naturpark Gantrisch. Der WWF Schweiz hat die Sense zu einer Gewässerperle erkoren, da sie eines der letzten natürlichen und unverbauten Gewässer dieser Grösse darstellt. Sogar international hat die Sense in einer Studie des WWF Deutschland von 2011 unter 15 untersuchten Alpenflüssen am besten abgeschnitten. Vor hundert Jahren schwammen noch Lachse via Rhein, Aare, Saane, Sense und Warme Sense bis hinauf zum Schwarzsee. Danach versperrten ihnen immer mehr Verbauungen und Flusskraftwerke den Weg.

Der etwa fünfzehn Kilometer lange Sensegraben ist eine natürliche Schlucht, an deren Grund die Sense ihr ursprüngliches Abflussregime ohne menschliche Einflüsse beibehält und das Flussbett selbst gestaltet. Die Einheimischen in der Umgebung bis zu den Städten Bern und Fribourg nutzen den Sensegraben als vielseitiges Naherholungsgebiet zum Baden, Fischen, Wandern, Grillieren und so weiter. An einigen ruhigeren Stellen tref-

1

Abb. 1: Die Sense hat eine bis zu 150 m tiefe Schlucht in den Molasse-Untergrund gegraben. Der Fluss bewegt sich mehr oder weniger frei zwischen den Felswänden aus Sandstein. In dieser Biegung sieht man gut die Erosion des Felsens und das tiefere Wasser am Prallhang respektive das flach ansteigende Kiesufer am Gleithang.

fen sich im Sommer auch Anhänger der Freikörperkultur.

Im Folgenden lernen wir eine Stelle kennen, wo wir eine natürliche Flussaue mit voll erhaltener Dynamik nicht nur von aussen betrachten können, sondern auch mitten ins Flussbett hinein waten müssen, weil es hier keinen Wanderweg gibt. Das mag einigen Leserinnen und Lesern weniger behagen; wenn Sie lieber trockene Füsse behalten, finden Sie im Infoteil eine alternative Wanderung entlang eines Sense-Abschnitts, der mit Wanderwegen erschlossen ist. Sollten Sie sich jedoch für die amphibische Exkursion entscheiden, lassen Sie bitte die nötige Vernunft und Vorsicht walten. Betreten Sie das Flussbett auf keinen Fall bei Hochwasser oder vor einem möglichen Gewitter bzw. Regenschauer! Der Pegel kann sehr rasch ansteigen und die Strömung zu stark werden. Wird Ihnen der Rück-

weg abgeschnitten, kann es an gewissen Stellen mit steilem und felsigem Ufer brenzlig werden. Die Sense schichtet bei Hochwasser im grossen Stil Geschiebe um und bahnt sich im Kies immer wieder mal ein neues Bett. Da wollen Sie nicht unkontrolliert im Fluss mitgespült oder von einem im Wasser treibenden Baumstamm getroffen werden.

Bei normalem Pegel ist die Sense an den zu querenden Stellen ungefähr 40–60 cm tief, und man braucht nicht übermässig viel Kraft, um in der Strömung die Balance zu halten. Zur Unterstützung kann man Wanderstöcke nehmen. Jüngere Kinder nimmt man im Zweifelsfall besser an die Hand oder ans Seil. Selbstredend sollten alle Beteiligten gut schwimmen können.

Um sich auf dem groben Kies im Fluss sicher zu bewegen, ist vom Barfuss-Gehen abzuraten. Ein guter Kompromiss sind Trekkingsandalen mit griffigem Sohlenprofil, will man nicht die ganze Zeit mit einem «Süffel» in den Schuhen wandern und Blasen riskieren oder mehrfach die Schuhe wechseln und sich nach dem Waten jeweils die Füsse abtrocknen. Bei kühlerem Wetter und kälterem Wasser wären allenfalls Wathosen eine Alternative; für normale Gummistiefel ist das Wasser zu tief.

P1 Brücke Ruchmüli

Die Strasse zwischen Albligen und Lanzenhäusern ist an schönen Sommertagen manchmal erstaunlich stark befahren, weil es viele Leute an die Sense zieht. Bei Badewetter sind nicht selten alle Parkplätze am Ufer belegt. Nachdem die Buslinie mit der Haltestelle Ruchmüli aufgehoben wurde, befindet sich die nächstgelegene ÖV-Haltestelle nun in Lanzenhäusern. Vom Bahnhof müssen wir der Strasse folgen; immerhin lässt sich die lang ausholende Spitzkehre der Strasse über einen Fussweg abkürzen. Vor der Brücke geht

2

es rechts zum Badeplatz hinunter. Es lohnt sich, vorher noch die Übersicht von der gedeckten Brücke aus «mitzunehmen». Bild 1 ist von dort flussaufwärts aufgenommen.

P2 Kiesfläche am Ufer

Flussabwärts gelangt man auf einer Abzweigung von der Strasse durch den Wald ans Ufer der Sense mit einer langen und breiten Kiesfläche, die im Sommer als Liegeplatz dient. In deren hinterem Teil findet man einen Bereich, wo das Bett der Sense flach und wenig tief ist. Hier können wir nun – passende Verhältnisse vorausgesetzt – durchs Wasser zum linken Ufer hinüberwaten.

Die Verteilung der Kiesflächen und das Gefälle des Ufers an der Innen- und Aussenseite der Flussbiegung zeigt hier recht typisch, wie die Strömung des Wassers Mäander formt: An der Aussenseite, dem «Prallhang», wird das Wasser abgelenkt und entwickelt durch die nach aussen gerichtete Kraft eine starke Erosionswirkung. Bei weichem Untergrund vergrössert sich so die Flussschlaufe nach und nach. An der Innenseite «möchte» das Wasser geradeaus weiterfliessen, der Druck ist also eher vom Ufer weg gerichtet und die Erosion somit gering.

P3 Flussschlaufe

Auf der Innenseite der Flussbiegung nach links passieren wir den Felsvorsprung (Bild 2)

3

4

5

Abb. 2: Das steile Ufer und der Felsen machen die eine Seite der Sense unpassierbar; deshalb muss man vor und nach dieser Biegung den Fluss jeweils an einer seichten Stelle überqueren, um weiter zu kommen. Die eine Stelle beginnt im Vordergrund.

Abb. 3: Sonne und Nieselregen ergeben einen Regenbogen über der Schlucht.

Abb. 4: Ein Biber transportiert am Ufer einen Ast.

Abb. 5: Nicht nur Wasser bewegt das Geschiebe; hier hat jemand ein steinernes Herz aufgestellt.

6

mit tieferem Wasser am Prallhang. Ein Stück weiter, etwa beim Wendepunkt zur nächsten Biegung, gibt es wieder eine Furt. Hier überqueren wir die Sense erneut watend. Den flachen Innenbereich der Flussschlaufe können wir nun auf Trampelpfaden und/oder am Kiesufer erkunden. Hier finden sich verschiedene Spuren, die den formenden Einfluss des Wassers zeigen. Darunter Sedimente von grobem zu feinem Kies, Sand und Lehm. Ebenso trifft man auf Pflanzenbewuchs in unterschiedlichen Stadien. Von der Tierwelt sieht man am ehesten Insekten und Vögel.

Abb. 6: Die Kies- und Sandbänke im Bett der Sense zeigen die natürliche Dynamik. Nach einem Hochwasser kann die Anordnung wieder völlig anders aussehen und das Wasser anderswo fliessen.

Abb. 7: An den höher gelegenen Stellen sind die Kiesbänke schon dicht bewachsen, hier zum Beispiel mit jungen Weiden. Teils haben Hochwasser auch viel Treibholz angespült, das sich zwischen Sträuchern und Bäumen verfangen hat und liegen geblieben ist. Es verwittert und zerfällt.

Die häufigsten Fische in der Sense sind die Bachforelle und die Groppe. Mit künstlich angelegten Totholz-Strukturen bei der Ruchmüli will man auch weitere Fischarten fördern. Der Sensegraben ist ein bedeutender Lebensraum für Amphibien und Reptilien. Als Pionierpflanze erwähnenswert: die seltene, bis 2 m hohe Deutsche Tamariske.

Nach unserer kleinen Expedition geht's auf gleichem Weg zurück zum Bahnhof.

7

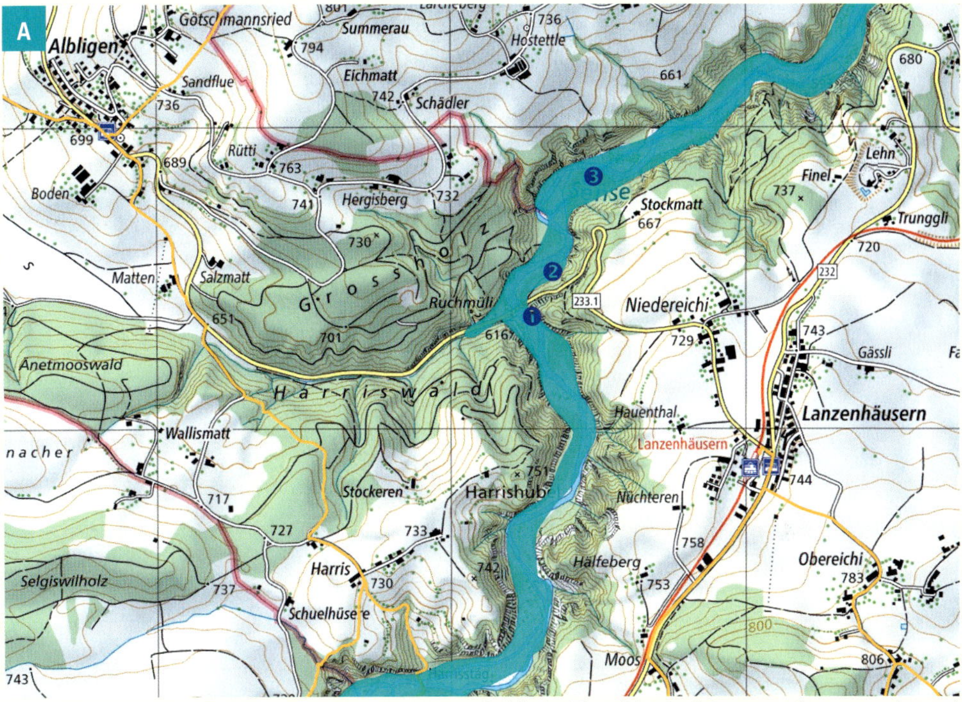

© Abdruck mit freundlicher Genehmigung von swisstopo, www.swisstopo.ch

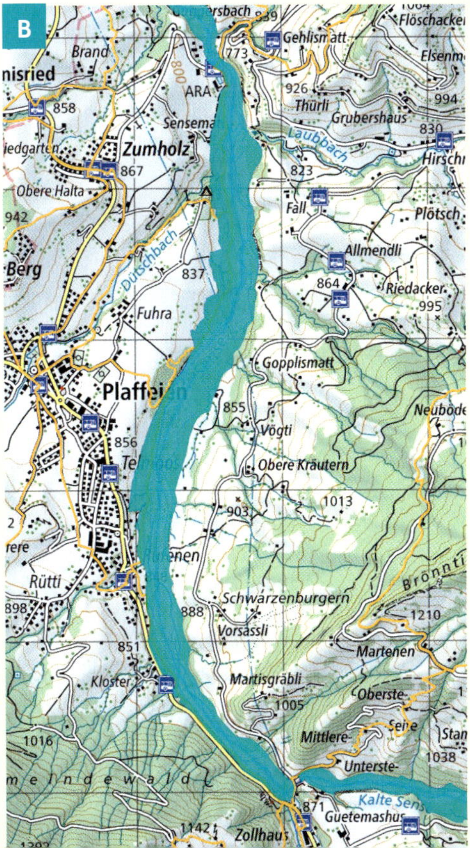

Infos

KARTENMASSSTAB: A: 1:25 000, B: 1:50 000

START/ZIEL: A: Bahnhof Lanzenhäusern
B: Bushaltestelle Zollhaus / Zumholz, Guggersbachbrücke

STRECKE: A: 3–4 km, B: 6,2 km

HÖHENDIFFERENZ: A: 160 m, B: 100 m

ZEITBEDARF: Reine Marschzeit A: 1½ h, B: 1⅔ h

RAST/VERPFLEGUNG: Essen aus dem Rucksack

VARIANTEN: A: Im Flussbett ist kein markierter Weg vorhanden; Betreten auf eigene Gefahr!

JAHRESZEIT: A: Mai bis Oktober, nur bei ausreichend niedrigem Wasserstand; B: ganzjährig

VERKEHRSHINWEIS: A: Parkplätze bei der Ruchmüli-Brücke

IM WEB:

- www.schwarzenburg.ch
- www.badi-info.ch/be/sense.html
- www.camping-fuellmattli.ch

Clos du Doubs

Der Doubs ist streckenweise Grenzfluss zwischen der Schweiz und Frankreich. Bei St. Ursanne bildet er im Kanton Jura eine Schleife, die einen Bergrücken – den Clos du Doubs im engeren Sinn – auf drei Seiten umfliesst.

Abb. 1: Der Bahnhof von St. Ursanne liegt links des Eisenbahnviadukts am Hang über dem Städtchen; der Doubs fliesst hinter der Wiese durch.

Abb. 2: Ursicinus, dem heiligen Eremit und Namenspatron von St. Ursanne, ist diese Plastik am Ufer des Doubs gewidmet.

Abb. 3: Wo der Weg nahe am Fluss verläuft, erhascht man durch die meist recht dichte Ufervegetation hier und dort einen Blick auf den Doubs. Er ist kaum verbaut, und die idyllische Landschaft in diesem Abschnitt ist ein Smaragdgebiet mit wertvollen Lebensräumen und Arten.

Auch die Region und die neue Gemeinde aus dem Zusammenschluss der früheren Einzelgemeinden heissen Clos du Doubs.

Die Quelle des Doubs liegt in einem Karstgebiet nahe der Schweizer Grenze oberhalb des französischen Dorfes Mouthe, nordwestlich des Lac de Joux. Von dort fliesst der Doubs via Pontarlier nach Nordosten und bildet ab etwa Les Brenets die Landesgrenze. Zwischen dem Lac des Brenets und dem Lac de Moron verschüttete ein prähistorischer Bergsturz die Schlucht, worauf sich an der Geländestufe ein Wasserfall bildete: der Saut du Doubs mit rund 27 Meter Höhe. Weiter nordöstlich bildet der Fluss die eingangs erwähnte Schleife ganz auf Schweizer Boden, bevor er nach St. Ursanne nach Westen ins Burgund fliesst und in die Saône mündet, welche ihrerseits über die Rhone ins Mittelmeer entwässert.

Zwischen Soubey und St. Ursanne ist das schluchtartige Tal des Doubs noch ziemlich naturnah geblieben, und in mehreren Abschnitten sind Auen zu finden. Davon wurden drei ins Aueninventar aufgenommen.

P1 St. Ursanne und historische Brücke

Verkehrstechnisch am besten erschlossen ist St. Ursanne. Das unterste der drei Auenschutzgebiete reicht bis in die Siedlung hinein. Um die Strecke überschaubar zu halten, machen wir eine Rundwanderung von St. Ursanne flussaufwärts und zurück. Alternativ kann man auch die etwas längere Strecke bis Soubey weiterwandern und von dort mit dem Bus über den Rücken des Clos du Doubs nach St. Ursanne zurückfahren.

Vom Bahnhof führt ein steiler Pfad unter dem Viadukt hindurch direkt in die Ebene hinunter; diesen heben wir uns für den Rückweg auf und gehen stattdessen in die Gegenrichtung auf der Strasse ins Städtchen. Man kann auch den Bus nehmen bis zur nächs-

ten Haltestelle Porte St-Pierre, wenn einem die Aussicht nicht so wichtig ist. So eine gute Übersicht hat man im weiteren Verlauf der Route allerdings nur an wenigen Stellen.

Durchs Stadttor gelangt man in den historischen Kern des Ortes mit dem Kloster, der über dem Grab des Namenspatrons und Heiligen Ursicinus (frz. Saint Ursanne) am Ufer des Doubs erbaut wurde. Der aus einer fränkischen Adelsfamilie stammende Mönch zog sich am Anfang des 7. Jahrhunderts als Einsiedler in eine Felshöhle über dem Doubs zurück. Der Legende nach lebte er dort mit einem Bären zusammen und wirkte Wunder, sodass die Leute ihn kannten und verehrten.

Nach einer langen Anreise kann man sich im Ort einen Kaffee oder eine Wegzehrung gönnen. Weiter geht es über die Brücke ans gegenüberliegende Ufer des Doubs und nach links die Strasse entlang aus der Ortschaft, zum Wanderweg am Flussufer.

P2 Schwelle und Inseln

Durch die Bäume sieht man bald eine «Miniwildnis» mit überwachsenen Inseln unterhalb einer Stauschwelle. Hier beginnt das Auenschutzgebiet. Die 1,5 m hohe Schwelle schräg durch den Doubs gehört laut Infotafel zu einem Kleinwasserkraftwerk. Ein fischgängiges Umgehungsgerinne trennt oberhalb der Schwelle eine etwas grössere Insel in der Flussbiegung ab, die als Freizeitplatz dient.

5

4

Bald kreuzt der Weg die Fahrbahn bei der Strassenbrücke und entfernt sich dann etwas vom Doubs. Auf dem asphaltierten Strässchen gehen wir an Weideland vorbei.

P3 Schlucht im Wald

Auf beiden Seiten werden die Ufer steiler, und der Weg verläuft wieder näher am Wasser. Paradoxerweise bleibt der Auencharakter des Doubs im Schutzgebiet eher unscheinbar und der Fluss häufig hinter den Bäumen verborgen. Dennoch bietet er auch hier wertvollen Lebensraum für ein paar vom Aussterben bedrohte Fischarten: die Doubs-Forelle, die Südwesteuropäische Nase und der Apron *(Roi du Doubs)* sind endemisch, sie kommen in der Schweiz einzig in diesem Gewässer vor. Deshalb sind jegliche Verbauungen des Flusses für sie höchst problematisch. Jede Art braucht zum Überleben eine gewisse Grösse

6

7

Abb. 4: An diesem wolkenverhangenen Tag leuchten die Früchte des Pfaffenhütchens farbenfroh vor der graugrünen Kulisse des trüben Wassers.

Abb. 5: Überraschende Sichtung: Auf einer verlassenen Weide am Hang sucht eine einzelne Gämse nach Futter.

Abb. 6: Bei etwas erhöhtem Pegel bei Regenwetter steht das Gras hier im Wasser.

Abb. 7: Imhoffs Blasensteinfliege ruht auf einem Blatt. Von den historischen Massenvorkommen sind nur noch kleine Restbestände vorhanden. Foto: © Stefan Kohl

Abb. 8: Am Waldrand im Halbschatten wachsen unter anderem Pilze und Brombeeren.

Abb. 9: An dieser Stelle lenken Felsblöcke den Fluss des Wassers ab. Dadurch bilden sich gut sichtbare Stromschnellen und Wirbel.

Abb. 10: Auf Höhe des Campingplatzes Tariche kann man mit einem Boot den Doubs überqueren.

der Population; wird die genetische Vielfalt zu klein, droht Inzucht.

Der Asphaltbelag endet bei einem Hof; von dort führt der Weg weiter durch eine Weide mit entsprechenden Durchgangsvorrichtungen im Zaun. Wo der Weg im Wald verläuft, steigt die Chance, interessante Pflanzen und Wildtiere zu entdecken.

P4 Pont de Ravines

Bis zur Brücke hat man kaum Zugang zum Wasser. Hier bietet sich nun eine Gelegenheit, den Doubs aus der Nähe und im Überblick zu betrachten. Später auf dem Rückweg gelangen wir über diese Brücke vom rechten Ufer wieder aufs linke, um ein längeres Wegstück auf der stärker befahrenen Strasse zu vermeiden.

Von der nach Ravines ansteigenden Strasse zweigen wir links auf den unbefestigten Weg ab, um weiter dem Ufer zu folgen.

P5 Stromschnellen

Ausserhalb des Auenschutzgebietes steigt der Weg mal im steileren Ufer an, mal geht er wieder fast bis ans Wasser hinunter. Wir kreuzen auch einen der Zuflüsse. Einzelne davon enthalten noch Stein- und Köcherfliegenlarven, die früher im Doubs in Massen lebten. Von Fischern ist überliefert, dass sich zur Schlupfzeit jeweils riesige Wolken dieser Insekten über dem Fluss bildeten. Tempi passati.

P6 Fähre und Camping Tariche

Nach einer Flussbiegung erreichen wir die Stelle zum Übersetzen. Eine Tafel erklärt auf Französisch und Deutsch, wie man die Fähre in Eigenregie bedient. Auch während der Betriebszeit kann die Fähre fallweise nicht zur Verfügung stehen, daher kann ein Plan B nicht schaden (z. B. Kartenausschnitt und Kontrolle des Busfahrplans für die Variante bis Soubey).

Von Tariche geht es entlang der Haute Côté durch viel Wald zurück nach St. Ursanne.

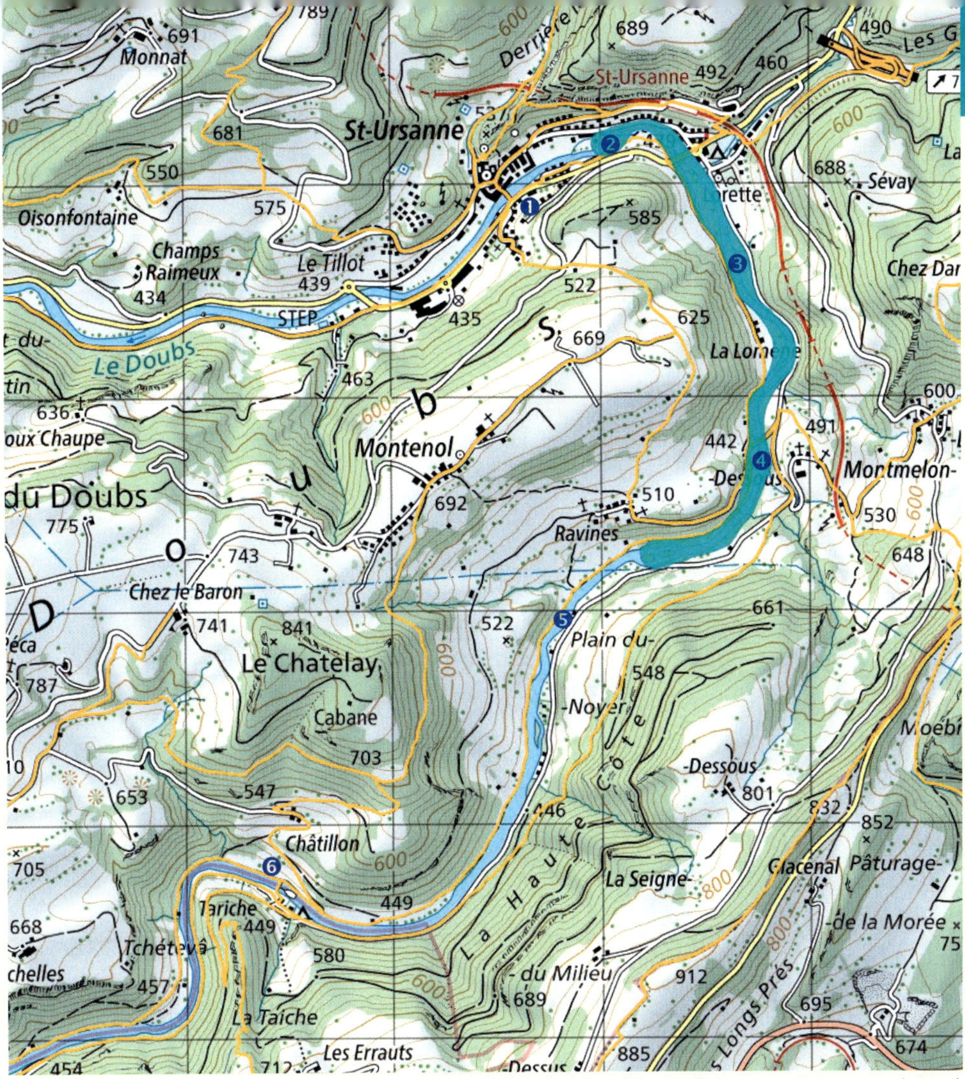

© Abdruck mit freundlicher Genehmigung von swisstopo, www.swisstopo.ch

Infos

KARTENMASSSTAB: 1:50 000

START/ZIEL: Bahnhof St. Ursanne

STRECKE: 14 km

HÖHENDIFFERENZ: je 350 m Auf- und Abstieg

ZEITBEDARF: Reine Marschzeit gut 3½ Stunden

RAST/VERPFLEGUNG: Restaurants in St. Ursanne und in Tariche. Es empfiehlt sich, sicherheitshalber Proviant mitzunehmen für den Fall, dass die Überfahrt mit der Fähre nach Tariche aus unerwarteten Gründen nicht klappt. Dann muss man umkehren oder die Variante wählen.

VARIANTE: Ab Höhe Tariche weiter dem Nordufer folgen, bei der Brücke nach La Charbonnière zum Südufer wechseln und weiter flussaufwärts bis zur Bushaltestelle Soubey, Restaurant Relais (oder Soubey, village): total 16 km (16,5 km), je 250 m Auf-/Abstieg, 4 Std.

JAHRESZEIT: Frühling bis Herbst

VERKEHRSHINWEIS: Parkplätze bei der Strassenbrücke; im Ortskern sind nur wenige Plätze vorhanden.

IM WEB:

- www.doubsvivant.ch/de
- www.parcdoubs.ch/de
- www.tariche.ch

Neuenburgersee

Am Südostufer des Neuenburgersees finden sich ausgedehnte Schilfbestände und Feuchtgebiete. Die «Grande Cariçaie» erinnert ein wenig an die Camargue in Frankreich und wird ebenso von vielen Wasservögeln bevölkert.

1

In den Schutzgebieten am Neuenburgersee gibt es gleich zwei Naturzentren: Zwischen Ins und Cudrefin im Norden betreibt Birdlife Schweiz das Zentrum La Sauge, und am südlichen Ende des Sees – in Cheseaux-Noréaz bei Yverdon – steht das Zentrum Champ Pittet von Pro Natura. Beide bieten jeweils einige Hides an, aus denen man die Vogelwelt in den Teichen und darum herum beobachten kann. Beim grossen Teich in La Sauge wird das umliegende Gelände von Rindern beweidet, sodass das Ufer wenig überwachsen ist. Diese

Abb. 1: Eisvögel sind eine der Hauptattraktionen im Naturzentrum La Sauge. Aus den Hides sieht man sie mit etwas Glück recht nah.

Abb. 2: Links fliesst die Broye zwischen den Dämmen weit hinaus, bis sie sich in den Neuenburgersee ergiesst. Auf der rechten Seite sieht man das offene Wasser des Sees. Bei tieferem Pegel bilden sich hier ausgedehnte Schlickbänke – ein Eldorado für rastende Zugvögel. Dahinter liegt das Chablais de Cudrefin mit dem Naturzentrum.

offene Fläche mit flachem Ufer zieht speziell Watvögel an, die es übersichtlich mögen und in seichtem Wasser nach Nahrung suchen. Champ Pittet umfasst dagegen vor allem weitläufige Röhrichtbestände. Darin brüten unter anderem etliche Haubentaucher-Paare sowie Rohrsänger und ein paar seltenere und heimlichere Schilfbewohner, darunter die Zwergdommel. Bei beiden Naturzentren finden sich auch Waldgebiete mit weiteren interessanten Vogelarten.

Unsere Tour kombiniert einen Besuch im Zentrum La Sauge mit einer Wanderung entlang dem Broye-Kanal. Auf dem linken Damm gelangt man weit in den See hinaus und gewinnt somit einen grossräumigen Überblick über die Grande Cariçaie, das grösste Seeuferfeuchtgebiet in der Schweiz. Zudem ermöglicht die Blickrichtung vom See zum Land, das Geschehen vor und im Schilfgürtel zu beobachten. Von der Landseite her ist das kaum möglich, weil in den Schutzgebieten in der Regel kein Zugang zu dieser empfindlichen Zone besteht. Eine Ausnahme ist der öffentliche Beobachtungsturm direkt am Schilfsaum im Fanel auf der anderen Seite der Broye. In seiner Nähe stehen noch zwei weitere Türme, die privat von Naturschutzorganisationen verwaltet werden und deren Schlüssel nur auf Voranmeldung an Mitglieder herausgegeben wird. In Bild 2 erkennt man ganz links den einen privaten Turm (Tour romande); der öffentliche und der Berner Turm befinden sich weiter links, ausserhalb des Bildes.

P1 Zentrum La Sauge

Je nach Ankunfts- und Jahreszeit ist es eine Überlegung wert, ob man zuerst das Naturzentrum oder den Uferweg an der Broye besuchen will. Das Naturzentrum hat (Stand 2025) jeweils Mittwoch bis Sonntag von 9 bis 18 Uhr geöffnet. Im Sommer kann es in den

2

3

Hides ziemlich warm werden, ausserdem sind die Vögel um die Mittagszeit in der Regel weniger aktiv, und flirrende Hitze stört das Beobachten über weite Distanzen mit einem Fernrohr oder Feldstecher mitunter erheblich. Wenn man schon Eintritt bezahlt, hat man meist mehr davon, das Naturzentrum möglichst früh am Morgen zu besuchen. Bei kühlem oder bedecktem Wetter spielt es eine geringere Rolle. Wenn die Eisvögel ihre Jungen füttern, sind sie den ganzen Tag über aktiv, dasselbe gilt auch für manche rastende Zugvögel, die viel fressen müssen, um ihren Energiebedarf auf der langen Reise zu decken.

Gerade bei den Zugvögeln ist es sozusagen eine Lotterie, ob und wann man besonders seltene Arten zu Gesicht bekommt. Bei günstigem «Flugwetter» rasten sie teils nur kurz und fliegen dann weiter. In anderen Fällen bleibt eine Rarität vielleicht über mehrere Tage oder selten sogar Wochen vor Ort.

Die Wege im Gelände des Naturzentrums sind recht kurz, daher braucht es keine Hast. Es lohnt sich, die Umgebung genau im Auge zu behalten. So entdeckt man vielleicht einen Specht, Schwanzmeisen oder Reptilien und Amphibien; neben Eidechsen etwa auch mal eine Ringelnatter. Im Graben neben dem Weg zum grossen Teich sonnen sich in der warmen Jahreszeit gern Seefrösche. Diese Art wird ungefähr faustgross und ist mit ihrer grünen oder braunen Färbung meist gut getarnt. Im Gegensatz zum ähnlichen Grasfrosch, hat der

Abb. 3: Eine Bachstelze zeigt sich auf einem Strauch bei einem der Hides im Naturzentrum.

Abb. 4: Im Röhricht balanciert ein Schwarzkehlchen an einem Schilfhalm.

Abb. 5: Vom Hide aus lässt sich der Graureiher ungestört aus der Nähe beobachten.

Abb. 6: Der Seefrosch ist der grösste Vertreter aus der Gattung der Wasserfrösche; Männchen werden bis etwa 10 cm lang, Weibchen erreichen sogar bis zu 16 cm Kopf-Rumpf-Länge.

4

5

6

Seefrosch keinen schwarzen Fleck über dem Trommelfell hinter dem Auge, dafür oft einen hellen Strich über dem Rückgrat wie man ihn auch vom kleineren Teichfrosch kennt.

P2 Uferweg am Broye-Kanal

Vom Naturzentrum gelangt man am Restaurant vorbei zur Broye. Der Fluss führt schnurgerade in den See hinaus. Er ist auf beiden Seiten mit Dämmen kanalisiert, um das Schilfufer vor Wellenschlag durch den Motorbootsverkehr zu schützen. Der Uferweg bietet Einblicke in den Auenwald, und in den Sträuchern sind häufig Nachtigallen zu hören. Diesen unscheinbaren braunen Vogel zu sichten, kann ziemlich herausfordernd sein.

P3 Beobachtungsplattform

Bevor man die Seeuferlinie erreicht, bietet eine kleine Beobachtungsplattform am Weg

7

freie Sicht auf das Schilfmeer und einen Teich etwas weiter weg. Dort tummeln sich manchmal Watvögel und im Schilf typische Arten wie Rohrsänger, Schwirle (mit Gesang wie anhaltendes Zirpen) und Schwarzkehlchen.

P4 Damm

Wo die Bäume enden, reicht das Schilf noch weiter, bis der Damm die natürliche Uferlinie kreuzt und den See erreicht. In diesem Schilf-

Abb. 7: Auf diesen Inseln befinden sich die grössten Schweizer Brutkolonien von Mittelmeer- und Lachmöwen sowie Flussseeschwalben.

Abb. 8: Ein leises Zirpen hat sie im Tagesversteck verraten: Diese Rauhautfledermaus hat sich in einen Spalt aussen an der Beobachtungsplattform gezwängt. Die Lücke zwischen den Brettern ist nur etwa einen Zentimeter breit.

Abb. 9: Zwischen den warmen Steinen des Damms gleitet eine Ringelnatter vorsichtig übers Treibholz und hält nach Beute Ausschau. Ringelnattern können auch gut schwimmen und tauchen.

10

bereich kann man unter anderem auf Beutelmeisen treffen, die sich oft durch ihren feinen Gesang verraten, bevor man sie sieht. Auf den Steinen des Damms sitzen manchmal Mittelmeermöwen und zur Zugzeit gelegentlich Watvögel wie Flussuferläufer oder Goldregenpfeifer. Meistens ist die Fluchtdistanz jedoch zu gross, als dass sie sitzen bleiben würden, wenn man daran vorbeigeht. Also besser zuerst aus sicherem Abstand hinschauen, bevor man sie aufscheucht. Auf dem Damm wird man allerdings eher selten allein sein. Ein wenig toleranter sind Libellen, und mit Glück kann man auch hier eine Ringelnatter beim Sonnen oder Schwimmen beobachten.

Neben der Spitze des Damms gibt es einen Bereich mit vielen Holzpflöcken im Wasser. Seeschwalben, Möwen und Kormorane nutzen diese gern als Sitzwarte zum Ausruhen. Die Flussseeschwalben sind teils wenig scheu und fliegen manchmal recht nah an Menschen auf dem Damm vorbei, sodass man sie leicht beobachten kann. Aus dem Schilf tauchen mitunter seltene Arten wie Purpur- oder Rallenreiher auf – allerdings ohne Garantie. Die besten Zeiten zum Beobachten sind wie üblich frühmorgens sowie spätabends; bei langer An- und Heimreise ist allenfalls eine Übernachtung in der Auberge zu erwägen.

P5 Grèves und Chablais de Cudrefin

Die verlängerte Variante durch das Chablais (siehe Infobereich) vermittelt einen besseren Eindruck von der Grösse des Gebietes und führt durch viel Auenwald.

P6 Beobachtungsturm Fanel

Als Ergänzung oder zur Abwechslung bietet sich auch der Uferweg rechts von der Broye an.

Abb. 10: Flussseeschwalben fischen manchmal entlang des Broye-Kanals oder überfliegen die Dämme, wenn sie zwischen den Brutinseln und dem offenen See hin und her wechseln.

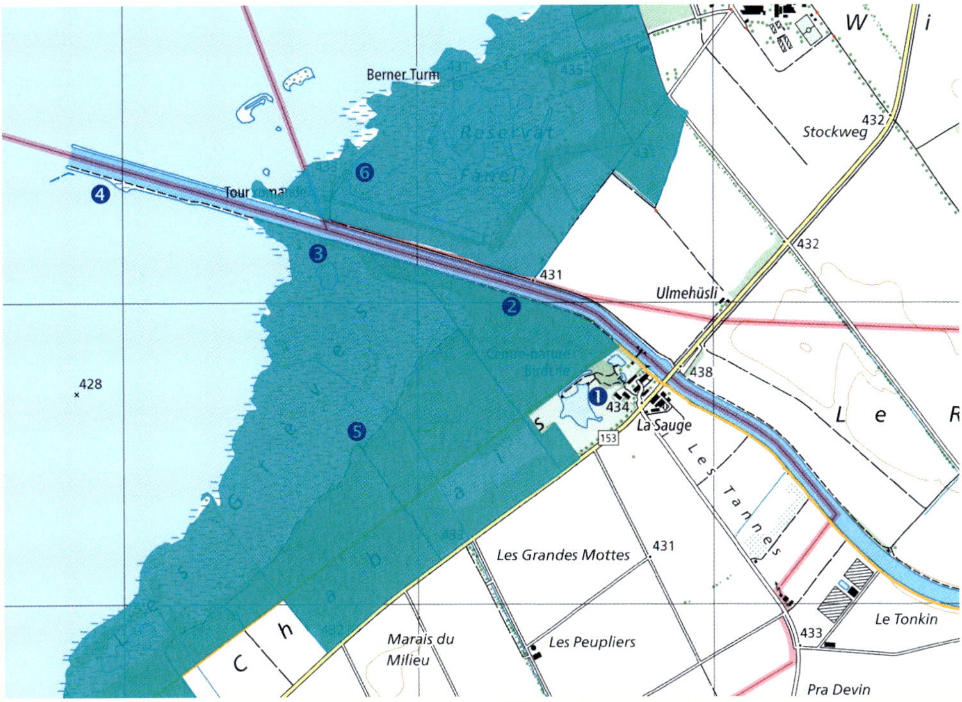

© Abdruck mit freundlicher Genehmigung von swisstopo, www.swisstopo.ch

Infos

KARTENMASSSTAB: 1:25 000

START/ZIEL: Bushaltestelle Cudrefin, La Sauge

STRECKE: Ca. 5 km (Naturzentrum und linker Damm bis Spitze und zurück)

HÖHENDIFFERENZ: gering

ZEITBEDARF: Reine Marschzeit 1¼ Std; für interessierte Birder empfiehlt es sich, bei guten Bedingungen mehrere Stunden Beobachtungszeit einzuplanen.

HINWEIS: Der Besuch des Naturzentrums kostet Eintritt: Erwachsene CHF 8.–, Ermässigung für Kinder, Studenten, Senioren, Familien und Gruppen (Stand 2025). Parkplätze zeitw. knapp.

RAST/VERPFLEGUNG: Auberge La Sauge mit Restaurant und Hotelzimmern neben dem Naturzentrum.

VARIANTEN: a) Auf dem Rückweg vom Damm ca. 200 m nach der Beobachtungsplattform (P3) rechts abzweigen und prüfen, ob der Weg begehbar ist. Bei hohem Wasserstand kann er überschwemmt sein. Dem Waldrand entlang führt der Weg durchs Chablais de Cudrefin mit gelegentlichen Ausblicken auf die grosse Röhrichtfläche. Über eine der Querverbindungen gelangt man zum Wanderweg und auf diesem zurück zum Zentrum La Sauge. Die weiteste Runde verlängert die Route um etwa 3 km und ¾ Std. Marschzeit.
b) Vom Naturzentrum über die Brücke zum rechten Ufer der Broye wechseln und dem Uferweg bis zum öffentlichen Beobachtungsturm folgen. Hin und zurück 3,1 km / 50 Min.

JAHRESZEIT: Naturzentrum ca. März bis Oktober (Stand 2025: jeweils von Mittwoch bis Sonntag geöffnet), Broye-Uferweg ganzjährig.

IM WEB:
- www.birdlife.ch/de/content/la-sauge
- www.aubergedelasauge.ch

Grangettes

Diese Wanderung führt uns durch ausgedehnte Auenwälder zur Mündung der Rhone in den Genfersee. Von einzelnen Aussichtspunkten erhascht man einen Blick auf das Wasservogelreservat am Ende des Sees beim früheren Delta.

Allein schon die Grösse des Genfersees macht ihn zu einem wichtigen Brut- und Überwinterungsgebiet für Wat- und Wasservögel. Hier sind unter anderem über sechzig Arten von Brutvögeln und um die dreissig Libellenarten nachgewiesen. Die Auenwälder, Teiche und Feuchtwiesen samt Verlandungszonen über den Resten des einst riesigen und wilden Rhone-Deltas bieten ferner auch Amphibien und seltenen Sumpfpflanzen einen Lebensraum am letzten geschützten Uferstreifen des Genfersees. Hier finden Vögel auch Ruhe während der Mauser. Beim Gefiederwechsel fallen einigen Entenarten die Schwungfedern an den Flügeln gleichzeitig aus, sodass sie einige Wochen lang nicht oder nur beschränkt fliegen können. Mit der angrenzenden Seezone bilden die Grangettes ein international bedeutendes Feuchtgebiet nach der Ramsar-Konvention von 1990.

P1 Beobachtungsturm

Von der Haltestelle Eau-Froide starten wir nach Süden und überqueren den gleichnamigen Kanal, wo der signalisierte Wanderweg nach rechts in Richtung See abzweigt. Die geteerte Strasse führt bald in den Wald, und nach einer gesperrten Zufahrt mit Schlagbaum gelangt man auf einem schmalen Pfad zu einem Beobachtungsturm und einer Wand mit Sehschlitzen, die Einblick in einen Teich im Schilf gewähren. Vom Turm aus erhält man auch einen Überblick über den See dahinter in Richtung Montreux. Da man anschliessend lange Strecken ohne Seesicht durch den Auenwald geht, lohnt es sich, schon so bald nach dem Start einen Halt auf dem Turm einzu-

Abb. 1: Kurz nach dem Start gelangt man über eine kurze Abzweigung zu diesem Aussichtsturm.

Abb. 2: Von oben sieht man über den Schilfgürtel hinweg auf eine Lagune und den Genfersee. Rechts im Hintergrund liegen die Stadt Montreux, das Schloss Chillon und der Autobahnviadukt.

legen und nach Wasservögeln Ausschau zu halten. Auch am Waldrand und in den Sträuchern hinter dem Schilf gibt es häufig weitere Vögel zu sehen.

Eine kurze Strecke geht es weiter auf der asphaltierten Strasse, dann biegt der Wanderweg als Naturpfad nach rechts ab. Auf der lehmigen Erde im Schatten des Waldes kann es feuchte bis sumpfige Stellen geben. Mit Vorteil wandert man diese Strecke also nicht ausgerechnet nach ergiebigem Regen oder mit weissen Turnschuhen. Im weiteren Verlauf ist der Pfad dann teilweise mit Holzplanken ausgelegt oder mit Stegen befestigt; trotzdem sollte man damit rechnen, dass die Schuhe dreckig werden können. Der Abenteuerfaktor ist jedoch auf dem Naturpfad viel höher als auf der Teerstrasse, und man sieht auch viel besser die verschiedenen Ausprägungen des Auenwaldes mit allerlei kleinen Gewässern. Einige sind mit Wasserlinsen bedeckt. Wir begegnen verschiedenen Bäumen und Sträuchern – von denen auch reichlich abgestorbene kreuz und quer herumliegen. Im feuchten Unterholz wächst viel Moos und an einigen Stellen auch der für Auen typische Winterschachtelhalm mit seinen blaugrünen, unverzweigten Stängeln.

Im Wald hört man die entsprechenden Vertreter der Vogelwelt: Hier singt ein Rotkehlchen, dort hackt ein Specht an einem morschen Ast herum, und wer sich mit Vogelstimmen auskennt, dürfte auf einige weitere Arten stossen. Das Beobachten ist im Wald schwieriger, an lichten Stellen sind die Aussichten natürlich am besten. Es hilft auch, wenn wenig Leute unterwegs sind und man selbst in gemütlichem Tempo wandert und dabei die Umgebung genau im Blick behält. Oft sind es nur unscheinbare Geräusche oder flüchtige Bewegungen im Dickicht, die die Anwesenheit eines Tieres verraten. Die Er-

fahrung lehrt einen mit der Zeit, worauf zu achten ist. Zum Beispiel auf den Umriss eines Ohrenpaars, das zu einem Reh gehört, oder ein unterbrochenes Rascheln im Laub, wenn eine Amsel am Boden nach Nahrung sucht. Ein leiseres Rascheln kann von einer Maus stammen, ein schleifendes von einer Schlange.

Eine Tafel am Weg weist auf zwei vor wenigen Jahren ausgehobene Teiche hin, die zwischen dem Wanderweg und der Strasse liegen. Am grösseren Teich steht eine Palisade mit Sehschlitzen, um Vögel zu beobachten. Im kleineren Teich auf der anderen Seite des Verbindungsweges wächst schon ein dichter Bestand des Breitblättrigen Rohrkolbens, und eine Plattform dicht über dem Wasser lädt dazu ein, sich hinzusetzen oder gar zu -legen, und die Frösche zu suchen, von denen man bei der ersten Annäherung wahrscheinlich nur ein Platschen hört, weil sie einen zu-

3

4

5

erst gesehen haben und die Flucht in die Tiefe ergreifen. Nach einiger Zeit tauchen sie meist wieder auf.

Wir kehren zurück auf den Wanderweg und gehen durch den Wald weiter. Vom See, der in einigem Abstand zu unserer Rechten liegt, ist lange nichts zu sehen. Erst beim Campingplatz gibt es einen frei zugänglichen Strand; unsere Route führt am Restaurant vorbei quer über den Campingplatz. Dann verläuft der Weg näher am See, und man sieht bald zwischen den Bäumen einen Damm weit in den See hinausragen.

6

7

P2 Dämme und Grand Canal

Beim Grand Canal ist eine ausgezeichnete Stelle mit Sicht auf den See, um Wasservögel zu beobachten. Aus Schutzgründen darf man den grössten Teil des rechten Damms im See während der Zug- und Brutzeit nicht betreten, damit die Vögel auf den Schlickbänken ihre Ruhe haben. Wer möchte, kann jedoch einen Abstecher auf den linken Damm machen, um die Vögel auf dem See und im Schilf auf dem Damm zu beobachten. Der Wanderweg geht zunächst etliche Hundert Meter auf geteerter Strasse landeinwärts bis zur Brücke. Für den Abstecher zum linken Damm muss man auf der anderen Seite alles wieder zurück an den See und danach dieselbe Strecke ein weiteres Mal bis zur Brücke zurücklegen. Insbesondere während des Vogelzugs wird man mit etwas Glück für diesen Aufwand mit einer besonderen Beobachtung belohnt. Auf und an den Dämmen sind verschiedentlich schon ausgesprochene Raritäten gesichtet worden, zum Beispiel das Zwergsumpfhuhn. Diese Art bekommt man noch seltener zu Gesicht als das auch schon recht heimliche Tüpfelsumpfhuhn. Im Kanal sieht man recht häufig Hauben- und Zwergtaucher sowie Teichhühner und natürlich Blässhühner. Ferner erkunden auch verschiedene Entenarten vom See her den Kanal.

Abb. 3: Die Beobachtungswand bei den (relativ) neu ausgebaggerten Teichen.

Abb. 4: Rohrkolben im Teich gegenüber der Wand. Von einer Plattform aus kann man zwischen den Pflanzenstängeln nach Fröschen Ausschau halten.

Abb. 5: An einem umgestürzten Baum wächst ein prächtiger, grosser Schwefelporling.

Abb. 6: Der Dschungelpfad durch den Auenwald.

Abb. 7: Ein Zwergtaucher zwischen Tauchgängen.

8

P3 Umgebung von La Praille

Um die Teiche und beim Bootshafen von Noville gibt es in der wärmeren Jahreszeit etwas mehr zu sehen als im Winter. Im Sommer tummeln sich im offenen Gelände und im Schilf Libellen und Singvögel, von denen manche Arten als Zugvögel im Süden überwintern. Umgekehrt kommen andere Arten im Winter aus dem Norden zu uns. Zu den Teilziehern zählen zum Beispiel Schwanzmeisen, die auch in der Schweiz brüten, im Winter aber Zuwachs erhalten.

Beim Bootshafen überquert man die alte Rhone, von der praktisch nur noch ein unscheinbares Rinnsal übrig ist.

Abb. 8: Ein Paar Kolbenenten verpflegt sich abends beim Yachthafen Bouveret. In der zweiten Septemberhälfte gleicht das Männchen (links) im Schlichtkleid dem Weibchen: Das orange Kopfgefieder ist ausgefallen und der Kontrast am Körper viel kleiner als beim Prachtkleid. Es behält aber den roten Schnabel und die rote Iris im Auge; beim Weibchen ist beides dunkelbraun.

Abb. 9: Die Fussgängerbrücke über die Rhone und von der Waadt ins Wallis.

P4 Rhone

Durch den Wald erreichen wir bald die heutige Rhone. Von der Brücke aus kann man weit in beide Richtungen blicken und sich vorstellen, wie hier beim Hochwasser von 2024 Unmengen Treibholz vorbeigespült wurden.

P5 Stockalperkanal und Yachthafen

Auf der Walliser Seite folgen wir der Rhone und biegen nach etwa einem Kilometer links nach Bouveret ab. Im Ort führt eine Brücke über den Stockalperkanal aus dem 17. Jahrhundert. In diesem ist das Fischen verboten, weil das Wasser und hier gefangene Fische zu viel «Ewigkeitschemikalien» PFAS aus Werken in Collombey und Monthey enthalten. Beim Yachthafen endet die Tour wahlweise am Bahnperron oder bei der Schifflände.

© Abdruck mit freundlicher Genehmigung von swisstopo, www.swisstopo.ch

Infos

KARTENMASSSTAB: 1:50 000

START/ZIEL: Bushaltestelle Villeneuve VD, Eau-Froide / Bahnhof oder Schiffiände Bouveret VS

STRECKE: ca. 8 km (nur mit dem kurzen Abstecher zu den Teichen östlich von La Mure und zurück auf den Wanderweg)

HÖHENDIFFERENZ: gering

ZEITBEDARF: reine Marschzeit 2 Std.

RAST/VERPFLEGUNG: Restaurants beim Camping Les Grangettes und beim Yachthafen in Bouveret

VARIANTEN: Neben dem im Text erwähnten Abstecher zum linken Damm am Grand Canal (von der Brücke bis zur Spitze und zurück +2,6 km) kann man auch am rechten Rhoneufer bis zur Mündung wandern (hin und zurück ca. +2,8 km). Auch dort überblickt man eine grössere Fläche des Genfersees. Die Rhonemündung selbst ist weniger idyllisch, je nachdem, wo gerade Kies ausgebaggert wird.

JAHRESZEIT: Ganzjährig, besonders im Frühjahr und Winter empfohlen.

VERKEHRSHINWEIS: Entlang der Hauptstrasse und am Seeufer in Villeneuve gibt es Parkplätze, die aber zeitweise stark belegt sind.

IM WEB:
- www.pronatura-grangettes.ch (Französisch)
- www.montreuxriviera.com

Gletschervorfelder stellen einen bedeutenden Teil der alpinen Auen. Hier gibt ein wenige Meter langes Loch in der Schneedecke den Blick auf ein Stück des Gletscherbachs frei. Es braucht wenig Fantasie, um sich vorzustellen, welchen bedeutenden Einfluss die Schneeschmelze nach dem Winter auf die jährlichen Schwankungen des Wasserstands in diesem Auengebiet hat.

Rhäzünser Rheinauen

Oberhalb des Zusammenflusses bei Bonaduz haben sowohl der Vorder- als auch der Hinterrhein Auen gebildet. Bei Rhäzüns ist das breite Bett des Hinterrheins über vier Kilometer mit imposanten Kiesbänken durchsetzt.

Das Quellgebiet des Hinterrheins liegt im Bereich des Paradies- und des Zapportgletschers am Rheinwaldhorn und am Rheinquellhorn, an der Wasserscheide zur Tessiner Seite der Adula-Gruppe. Der Hinterrhein fliesst wie der Vorderrhein zunächst nach Osten, bevor die beiden sich vereinigen und der Rhein in weitem Bogen via Chur nach Norden durchs St. Galler Rheintal und nach Westen durch den Bodensee Richtung Basel strebt.

Die Rhäzünser Rheinauen zählen zu den wertvollsten Resten naturnaher Flussabschnitte in der Schweiz. Sie sind im Bundesinventar der Landschaften und Naturdenkmäler von nationaler Bedeutung (BLN) aufgeführt und wurden 1992 auch ins Aueninventar aufgenommen. Zuvor drohte diesem wilden Teilstück des Hinterrheins Ungemach durch ein Strassenbauprojekt: Die A13 der San-Bernardino-Route wurde 1960 Bestandteil des Nationalstrassennetzes. Die ersten Projekte sahen aus Kostengründen eine offene Linienführung mit einer vierspurigen Autobahn entlang des Hinterrheins vor. Dem stand jedoch ein grosser Teil der Bevölkerung ablehnend gegenüber. Die Talschaftsplanung Heinzenberg Domleschg erarbeitete dann zusammen mit dem Bündner Naturschutzbund (heute Pro Natura Graubünden) eine ausführliche Stellungnahme sowie einen Bericht zum Projekt des Tiefbauamtes Graubünden und stellte in Aussicht, notfalls das Rechtsmittel der Verbandsbeschwerde gegen eine offene Linienführung zu ergreifen. Dies führte im Jahr 1974 zu einem Augenschein vor Ort durch die Bundesräte Hürlimann und Furgler mit Begleitung von Bund und Kanton. Daraufhin prüfte man weitere Varianten und liess die offene Linienführung fallen. Schliesslich wurde die heutige Strasse mit den beiden Tunnels Plazza und Isla Bella gebaut; dazwischen quert ein Viadukt den Hinterrhein, sodass die Auenlandschaft weitgehend erhalten geblieben ist. Der 1983 eröffnete Isla-Bella-Tunnel verläuft auf 2449 Metern Länge durch den Berg am rechten Ufer des Hinterrheins statt durchs Auengebiet (siehe Bild 6 mit Blickrichtung flussabwärts). Die Bahnlinie von Bonaduz nach Thusis schlängelt sich hingegen in einiger Höhe über dem Flussbett offen durch den Gegenhang am linken Ufer, parallel zu einer Regionalstrasse.

Die beiden Teilbereiche der Rheinauen mit den attraktivsten Kiesbänken unterhalb und oberhalb des Viadukts lassen sich strecken-

4

Abb. 1: Aus dem Dorf Rhäzüns führt der Weg in die bewaldete, hier recht steile Talflanke.

Abb. 2: Ein Kleiner Eisvogel sitzt auf dem Weg.

Abb. 3: Das Flussgeschiebe sammelt sich in den Kiesbänken an. Es besteht nach einem längeren Transportweg fast durchwegs aus rundlich abgeschliffenen Steinen von unterschiedlichen Gesteinsarten.

Abb. 4: An lichteren Stellen blühen Orchideen an der Wegböschung.

mässig gut zu einer Wanderung kombinieren, wie im Infoteil beschrieben. Es gilt jedoch zu bedenken, dass einerseits ein erheblicher Teil des Weges zu den unteren Kiesbänken auf asphaltierten Strassen verläuft und andererseits der anschliessende Naturweg stellenweise recht nah an den Kiesbänken vorbei führt, die zu den letzten Brutgebieten der stark gefährdeten Rote-Liste-Arten Flussuferläufer und Flussregenpfeifer gehören. Fachleute empfehlen zur Vermeidung von Störungen einen Mindestabstand von 75 m zu den Brutflächen; das ist leider nicht überall gegeben. Daher möge man bitte während der Brutzeit von Mitte April bis Mitte Juli auf den Besuch dieses Bereichs verzichten, auch wenn er im Gegensatz zu den Kiesflächen in der nahe gelegenen Rheinschlucht nicht offiziell gesperrt wird. Die verkürzte Route im oberen Teil der Rheinauen ist bezüglich Störungen der Vögel weniger problematisch, zudem verläuft der grössere Teil des Weges im Wald, wo es an heissen Tagen zum Wandern ohnehin angenehmer ist.

P1 Kiesbänke unterhalb des Viadukts

Ausserhalb der Brutzeit spricht weniger gegen die lange Variante der Wanderung. Um den Ablauf in der vorgeschlagenen Richtung zu wahren, kommt zuerst der optionale Teil der Strecke dran. Natürlich kann man die Wanderung auch in Rothenbrunnen beginnen und flussabwärts wandern, dann bewegt man sich allerdings tendenziell in der heissesten Zeit des Tages durch vorwiegend offenes Gelände. Das ist eher etwas für Sonnenanbeter und Insektenfreunde, weil die Kerbtiere bei warmen Temperaturen am aktivsten sind. Die Trockenflächen in den Auen beherbergen unter anderem verschiedene Arten von Heuschrecken, Schmetterlingen und Käfern. Am Wasser und in der Ufervegetation halten sich gern Libellen auf.

Die Rheinauen stellen ferner einen gut geeigneten Lebensraum für zwei besondere Säugetiere dar: den Fischotter und den Iltis. Der Fischotter war in der Schweiz schon ausgestorben. Gemäss einer Studie des BUWAL (heute BAFU) von 1990 war die Belastung der Gewässer mit Polychlorierten Biphenylen

Abb. 5: Der Hinterrhein hat sich ins Tal eingeschnitten und dieses teilweise mit Geschiebe aufgefüllt. Nun bahnt er sich frei seinen Weg durch die flache Talsohle.

(PCB) dafür mitverantwortlich. Nachdem die Wasserqualität teilweise verbessert werden konnte, hat man in den letzten Jahren vereinzelt wieder eingewanderte Fischotter in der Schweiz nachgewiesen. Unter anderem in einer Fischzählkammer am Zusammenfluss von Vorder- und Hinterrhein, also in unmittelbarer Nähe der Rheinauen. Trotzdem ist der Fischotter nach der Roten Liste in der Schweiz immer noch vom Aussterben bedroht. Unverbaute, fischreiche Gewässer als Lebensraum sind Mangelware.

Der Iltis ist weniger selten; die Rote Liste stuft ihn «nur» als verletzlich ein. Er ist ein Nahrungsspezialist, der sich vor allem von Amphibien ernährt und sehr heimlich lebt.

P2 Vom Schloss Rhäzüns flussaufwärts

Vom Bahnhof Rhäzüns (oder vom Viadukt her kommend nach dem Überqueren der

Hochebene) geht es in der Nähe des Schlosses und des Fussballplatzes an die Geländekante. Unterhalb davon liegen die Kiesbänke der breiteren Talsohle, bevor sich die Schlucht flussabwärts verengt. Aus dem Wald erhaschen wir im weiteren Verlauf des Weges immer wieder mal Ausblicke auf den verzweigten Hinterrhein mit seinen teilweise bewachsenen Kiesinseln und auf Auenwald in den flachen Uferbereichen. Mit einem Spektiv oder Fernglas lassen sich mitunter auch tierische Auenbewohner entdecken.

Abb. 6: Auf den Kiesbänken hat sich Pioniervegetation angesiedelt und an einigen Stellen zum Auenwald entwickelt. In der Talsohle wachsen vor allem Laubhölzer, während an den Flanken Nadelwald dominiert (siehe auch Bild 6).

Abb. 7: Ein Flussuferläufer trippelt auf der Futtersuche über eine Sandbank. Als Bodenbrüter ist diese Art auf Schutzmassnahmen angewiesen, da es für sie kaum noch geeignete und ungestörte Lebensräume gibt. Der Flussuferläufer wird auf der Roten Liste als stark gefährdet aufgeführt.

Infos

KARTENMASSSTAB: 1:50 000

START/ZIEL: Bahnhof Rhäzüns / Bahnhof Rothenbrunnen

STRECKE: 4 km

HÖHENDIFFERENZ: gering, total 110 m Auf- und 140 m Abstieg

ZEITBEDARF: reine Marschzeit 1¼ Std.

RAST/VERPFLEGUNG: Rhäzüns und Rothenbrunnen bieten kaum Einkehrmöglichkeiten; die nächsten Restaurants befinden sich in Bonaduz (Bar Bonazuns Pizzeria ca. 600 m vom Bahnhof Rhäzüns, weitere in rund 1 km Entfernung vom Bahnhof Rhäzüns).

VARIANTE: Start beim Bahnhof Reichenau/Tamins. Dem Wanderweg unter der Strassenbrücke hindurch und über die Eisenbahnbrücke ans andere Ufer des Hinterrheins folgen und dann erneut unter der Strassenbrücke durch auf den Uferweg. Nach der Flussschlaufe unter dem Viadukt hindurch auf die Ebene hoch steigen und dort weiter bis Rhäzüns auf die vom Bahnhof kommende kurze Route. Die Strecke verlängert sich um 5 km bzw. 1 Std. 20 Min. mit zusätzlichen 120 m Auf- und 70 m Abstieg.

JAHRESZEIT: Frühling bis Herbst.

VERKEHRSHINWEIS: Beschränktes Parkplatzangebot beim Fussballplatz Rhäzüns. Für die lange Variante bei der Ausfahrt Bonaduz via Isla durch die Unterführung; Parkplätze an der Uferstrasse. Ab Bahnhof Rothenbrunnen ggf. per Zug bis Reichenau/Tamins und wie oben beschrieben über die Brücke zum Parkplatz.

IM WEB:

- rhaezuens.ch/freizeit-kultur/stiftung-kulturarchiv-rhaezuens/dorfchronik-rhaezuens/12rhaezuenser-rheinauen
- www.chur.graubuenden.ch/de/uebersicht-ausflugsziele/rheinauen

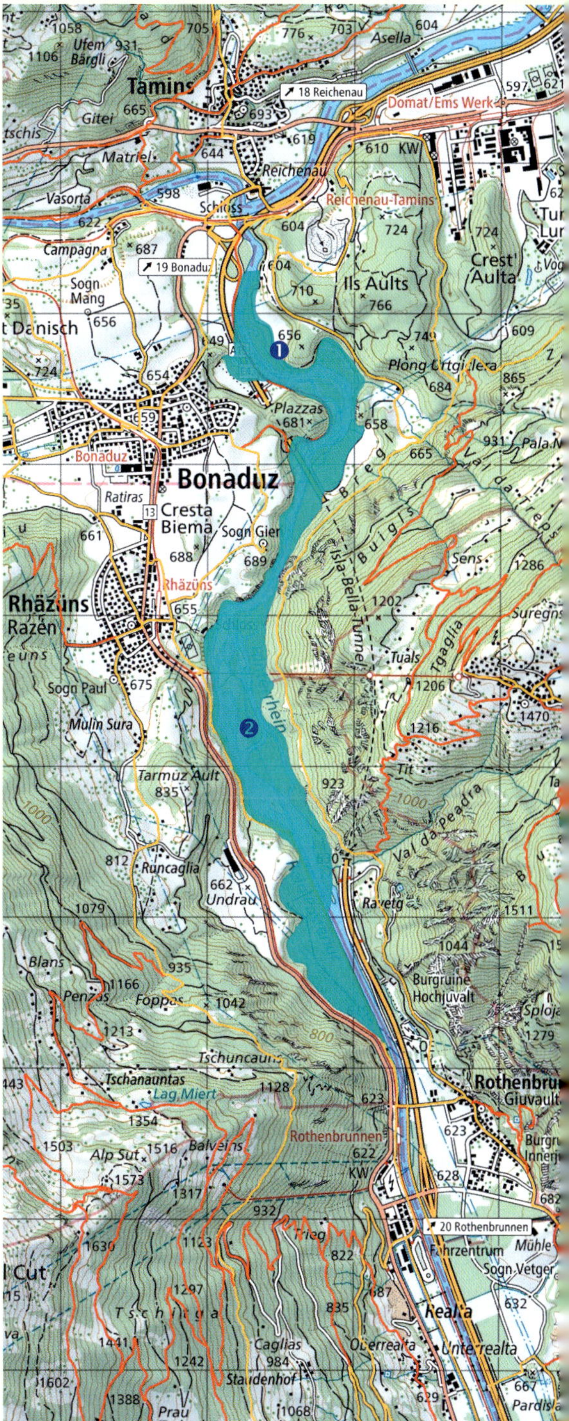

© Abdruck mit freundlicher Genehmigung von swisstopo, www.swisstopo.ch

Rheinschlucht

Auf Rätoromanisch heisst sie Ruinaulta – was «hohe Geröllhalde» bedeutet. Und genau so sieht sie an einigen Stellen auch aus: steile Kalksteinwände, aus denen mehr oder weniger kontinuierlich Felsmaterial herausrieselt.

Wir sind im unteren Teil des Vorderrheins. Als dessen Quelle gilt der Tomasee an der Nordostflanke des Badus (auch unter dem Namen Six Madun bekannt) und des Piz Tuma, südlich des Oberalppasses. Von dort durchfliesst der Vorderrhein via Disentis und Ilanz die Surselva bis zum Zusammenfluss mit dem Hinterrhein bei Reichenau.

Die Rheinschlucht hat buchstäblich eine bewegte Geschichte. In den Kaltzeiten schliff der Rheingletscher ein Trogtal aus, an diesem Ort fast bis hinunter auf Meereshöhe. Nach der letzten Kaltzeit, die vor etwa 15 000 Jahren endete, füllte sich das Tal nach und nach mit Sedimenten auf bis um 500 m ü. M. Dann verschüttete zuerst der Taminser Bergsturz den Rhein bei Reichenau und staute den Bonaduzersee auf. Später rutschten beim Flimser Bergsturz nach Schätzung von Geologen rund 10 km^3 – also zehn Milliarden Kubikmeter – Fels herab und bedeckten eine Fläche von 52 km^2 im Bereich der heutigen Rheinschlucht. Diesen grössten Bergsturz der Alpen konnte ein Forschungsteam 2024 mit einer Kombination von Radiokarbonmethode und Dendrochronologie (Baum-Jahresringana-

Abb. 1: Steile Felsen und ein flaches Flussbett kennzeichnen den «Grand Canyon» der Schweiz, wie die Rheinschlucht auch genannt wird. Im Gegensatz etwa zum Creux du Van, der ebenfalls mit dem Vorbild in den USA verglichen wird, kommt die Rheinschlucht einem echten Canyon näher. Darunter versteht man ein tiefes, schmales Tal, das ein Fluss in den Fels geschnitten hat.

lysen) auf 7469 ± 2 v. Chr. datieren. Die Sturzmasse versperrte dem Vorderrhein den Weg, sodass sich ein weiterer Stausee bildete, der Ilanzersee. Erst, als dieser überlief, brach der Fluss durch den Schuttwall. In der Folge grub er sich tiefer und bildete die heutige Schlucht.

Das Auengebiet der Ruinaulta erstreckt sich über sechs bis sieben Kilometer Flusslänge und endet rund sechs Flusskilometer vor dem Zusammenfluss mit dem Hinterrhein. Die Bahnlinie zwischen Ilanz und Bonaduz verläuft längs durch die Schlucht, und vom Dorf Versam führt auch eine Strasse bis zum Bahnhof Versam-Safien am Talgrund, wo unsere Erkundungstour beginnt.

P1 Isla und Ruinas da Corvs

Während der Brutzeit von Flussregenpfeifer und Flussuferläufer vom 1. April bis 15. Juli gilt für die mit Tafeln markierten Kiesbänke

ein Betretungsverbot. Ausserhalb dieser Zeit gelangt man in der Nähe des Bahnhofs auf einer kurzen Abzweigung vom Wanderweg bis ans Wasser. Dazu überquert man bei der Schranke die Gleise und geht durch den Wald geradeaus weiter zum Ufer. Direkt gegenüber erhebt sich eindrücklich die Wand der Ruinas da Corvs – frei übersetzt: die «Rabenfelsen».

Dieser kleine Abstecher lohnt sich natürlich auch bei der Routenvariante nach Conn.

P2 «Dammweg»

Unsere eigentliche Route führt vom Bahnhof nach Westen. Nach einem Stück Weg durch den Wald treten wir in offenes Gelände am Fuss einer Felswand. Hier kann man Erosion live erleben: Man hört es fast dauernd rieseln, und mitunter kullern sogar Steine herunter. Zum Schutz vor Steinschlag verläuft der Weg auf einem Wall mit etwas Abstand vom Hang. Dennoch ist Vorsicht am Platz.

Abb. 2: Flussregenpfeifer haben ganz ähnliche Ansprüche an ihr Brutrevier wie Flussuferläufer. Beide bauen sehr einfache Nester auf Kiesbänken und legen «tarnfarbene» Eier, die zwischen Steinen kaum zu erkennen sind.

Abb. 3: Stellenweise findet man am Ufer auch feinkörnigen Sand.

Abb. 4: Die Bahnlinie führt mitten durchs Auengebiet. Ein Schild am Drahtseil warnt beim Kanufahren und Raften vor Steinschlag.

Abb. 5: Auf den erodierten Felsen wurzeln noch Bäume in den verbliebenen Resten von Humus.

In der Rheinschlucht leben 350 Schmetterlingsarten, die Mehrheit davon Nachtfalter. Wer darauf achtet, dürfte zumindest einzelne zu Gesicht bekommen.

P3 Aussichtspunkt oberhalb Isla

Der Weg führt weiter durch den Wald und steigt dann merklich an. Nach der Brücke über einen Bach erreichen wir einen Grillplatz am Rand der Lichtung bei Isla. Der Wanderweg steigt im Wald weiter an bis zu einem Aussichtspunkt, von dem man guten Einblick auf die Kiesbänke und Felsen weiter flussaufwärts hat.

P4 Ruina dallas Foppas, Carrerabach

Es geht wieder bergab und fast bis zur Bahnlinie hinunter. Aus dem Wald sieht man zunächst wenig von den nahen Felsen, bis man den Carrerabach und die Au erreicht. Beim Delta des Bachs ist es wieder übersichtlich.

5

4

Unter der Bahnlinie durch und dann über die Brücke bleibt noch der letzte Kilometer der Route zwischen der Bahnlinie und dem Vorderrhein zum Bahnhof Valendas-Sagogn.

6

P5 Isla Casti, Chrummwag

Die Variante führt über die Chrummwag, eine Halbinsel in einer malerischen Flussschlaufe. Nach der Brücke steigen wir durch den Erika-Föhrenwald auf. Im Mai und Juni blühen hier Orchideenarten wie das Rote und das Weisse Waldvöglein sowie der Frauenschuh.

7

P6 Aussichtsplattfom Il Spir

Nach der Lichtung bei Er Davos halten wir uns generell links und erreichen nach einem weiten Bogen Il Spir – den Mauersegler. Die Architektin Corinna Menn aus Chur hat die überhängende Plattform der Vogelsilhouette mit leicht nach hinten angewinkelten Flügeln nachempfunden.

8

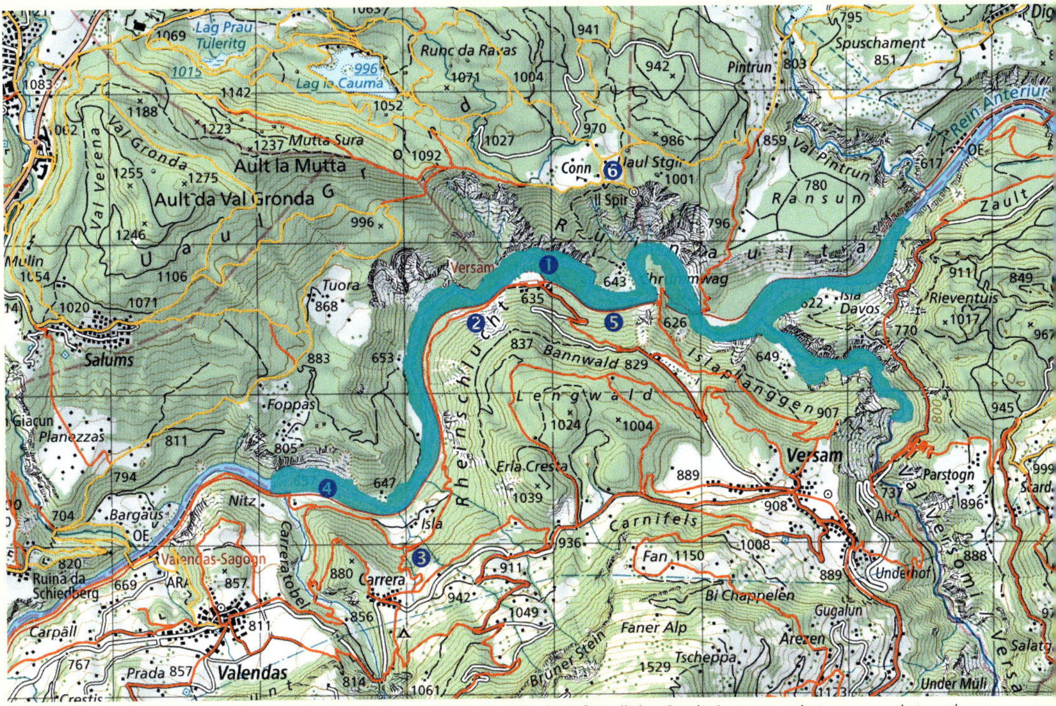

© Abdruck mit freundlicher Genehmigung von swisstopo, www.swisstopo.ch

Infos

KARTENMASSSTAB: 1:50 000

START/ZIEL: Bahnhof Versam-Safien / Bahnhof Valendas-Sagogn

STRECKE: 5 km

HÖHENDIFFERENZ: gering, 190 m ↑, 160 m ↓

ZEITBEDARF: reine Marschzeit 1½ Std.

VERKEHRSHINWEIS: Es gibt eine beschränkte Zahl Parkplätze beim Bahnhof Versam-Safien.

Abb. 6: Während der Rast bei sommerlicher Hitze lässt sich ein Schachbrettfalter auf dem Haar nieder, um Feuchtigkeit aufzunehmen.

Abb. 7: Von der Aussichtsplattform «Il Spyr» bei Conn überblickt man einen Teil der Rheinschlucht.

Abb. 8: Über dem Abgrund «schwebend» sieht man den Vorderrhein aus der Vogelschau. Von der Station Versam-Safien rechts ausserhalb des Fotos kommend bildet er Schlaufen um die Isla Casti und den Felsriegel Chrummwag. Links erkennt man die Brücke, wo der Aufstieg beginnt.

RAST/VERPFLEGUNG: Beizli beim Start- und Zielbahnhof; für Variante: Restaurant Conn.

VARIANTEN: Vom Bahnhof Versam-Safien flussabwärts gehen, dann über die Bahnbrücke und hinauf nach Conn. Auf gleichem Weg zurück oder via Caumasee bzw. Crestasee zu einer Bushaltestelle in Flims oder Trin Mulin.
Als Verlängerung der Hauptroute kann man auch in Flims oder Trin Mulin starten, via Il Spir zur Brücke absteigen und dann weiter wandern bis Valendas-Sagogn.

JAHRESZEIT: Frühling bis Spätherbst; bei anhaltend mildem Wetter mit schnee- und eisfreiem Weg auch im Winter begehbar.

IM WEB:
- www.rheinschlucht.ch
- www.flimslaax.com/naturerlebnisse/rheinschlucht
- www.surselva.info/Natur/rheinschlucht2
- www.conn.ch

Segnesböden

Plaun Segnas Sut und Plaun Segnas Sura – der Untere und der Obere Segnesboden – sind ausgedehnte Schwemmebenen an der Abrisskante des Flimser Bergsturzes. Mit dem Vorfeld des Segnesgletschers bilden sie ein Auengebiet.

Unsere Wanderroute befindet sich in einem der «Filetstücke» des UNESCO-Weltnaturerbes Tektonikarena Sardona. Hier tritt die Glarner Hauptüberschiebung an die Erdoberfläche und ist direkt sichtbar.

Der geologische Hintergrund: Beim Aufeinandertreffen der Kontinentalplatten schob sich vor 20 bis 40 Millionen Jahren die afrikanische Platte auf die europäische. Dabei wurde die europäische Platte mit jungen Flysch-Gesteinen (Sandstein, Mergel) heruntergedrückt und die afrikanische Platte mit älteren Verrucano-Gesteinen emporgehoben und teils auch verfaltet. Diese Bewegung hält auch heute noch an, während gleichzeitig seit Jahrmillionen auch die Erosion voranschreitet. So kommt es, dass die Gipfel der Sardona-Gruppe und beispielsweise auch der Ringelspitz weiter östlich aus älterem Gestein bestehen als die Basis darunter. Die Grenzfläche steigt

1

2

von Süden steil an und erreicht beim Piz Sardona in einer flachen Kuppe den Scheitelpunkt. Weil die herauserodierten Täler bis tief unter die Grenzschicht reichen, kann man an einigen Bergflanken den freiliegenden Querschnitt der Gesteinsschichten beobachten, in einzelnen Fällen auch mit abenteuerlich ineinander verfalteten Wülsten. Mehr dazu ist über die Links im Infoteil zu erfahren.

Den Ausgangspunkt für die Wanderung erreichen wir mit dem neu gebauten «FlemXpress», einer Gondelbahn mit individuell gesteuerten Gondeln, die nur bei Bedarf verkehren und sich in den Zwischenstationen mit eigenem Antrieb automatisch zum nächsten Streckenabschnitt bis zum gewählten Ziel bewegen. Der oberste Abschnitt bis zum Cassonsgrat geht voraussichtlich im August 2025 in Betrieb und lässt sich ab dann für die Abkürzung der Routenvariante nutzen, wenn man sich den langen Abstieg ersparen will.

P1 Abfluss Bach und Schwemmebene

Von der Station Segnes ist es nur ein kurzes Stück bis zum Abfluss des Unteren Segnesbodens. Wir folgen dem Weg am Rand der Ebene mit Blick auf die weite Schwemmebene. Dahinter ragen die Zacken der Tschingelhörner wie Haifischzähne empor. Je nach Jahreszeit blüht im Mosaik von Wasserläufen, Kies- und Moorflächen eine reichhaltige Flora. In der Region kommen Tierarten wie Murmeltier, Steinbock und Schneehuhn vor, allerdings ist die Chance eher gering, ihnen am

Abb. 1: Der Untere Segnesboden dient im Sommer auch als Weide. Rechts vor dem Felsen im Schatten tost ein Wasserfall; er gehört zum Abfluss des Oberen Segnesbodens.

Abb. 2: Ganz weit hinten sieht man (im Jahr 2020) noch den Rest des Gletschers am Piz Segnas um die Ecke hervorragen. Im Vordergrund schlängeln sich etliche Wasserläufe über den Oberen Segnesboden. Vom Piz Dolf in der Bildmitte bildet der weiter rechts anschliessende Cassonsgrat den Horizont in Richtung Flimserstein.

viel begangenen Weg zu begegnen. Am ehesten dürfte man Murmeltiere entdecken.

P2 Geländestufe

Beim hinteren Ende der Ebene geht der Weg in einen recht steilen Aufstieg über. Erfahrene Berggänger wissen, dass man die Höhenmeter am kräftesparendsten in eher gemächlichem Tempo und mit kleinen Schritten erklimmt. Verausgabt man sich beim Aufstieg zu sehr, kann später auch der Abstieg zur Mühsal werden, zumal dieser auf unserer Route ebenfalls steil ausfällt und teils über rutschigen Schotter führt. Bei einer Verschnaufpause lohnt sich auf jeden Fall ein Blick zurück auf den Unteren Segnesboden, solange man ihn sieht.

P3 Martinsloch

Weiter oben wird der Anstieg ein wenig flacher, und wir nähern uns immer mehr dem

3

4

Abb. 3: In den Tschingelhörnern tritt die Glarner Hauptüberschiebung als klare Trennlinie im Fels hervor. Am 3. Oktober 2024 sind an der hier noch geraden rechten Kante des Grossen Tschingelhorns rund 100 000 m³ Fels ausgebrochen.

Abb. 4: Wegen der hohen Gefahr weiterer Felsstürze in der Umgebung des Martinslochs ist von der Annäherung dringend abzuraten (Foto 2020).

Abb. 5: Eine Alpenbraunelle behält die Geröllfläche von einem Felsblock aus im Auge.

Abb. 6: Schneehühner – hier ein Hahn im Winterkleid – leben das ganze Jahr über der Waldgrenze.

5

6

bekannten Martinsloch, linker Hand hinter dem Grossen Tschingelhorn. Wegen hoher Steinschlaggefahr ist dringend vom Hinaufsteigen abzuraten; von der Wegverzweigung aus ist das Martinsloch indes aus sicherer Entfernung gut zu sehen – solange es noch existiert, denn ein weiterer Felssturz im labilen Gestein könnte es zerstören.

P4 Aussichtsgrat

Vom Weg Richtung Segnespass kehren wir beim Punkt 2463 um und nehmen die Abzweigung, die an der Bergflanke ansteigt. Das letzte Stück vor dem höchsten Punkt auf dem Grat ist steil und ein wenig ausgesetzt; auf dem kiesigen Weg durchs Geröll kann es rutschig sein, und sollten noch Schneereste liegen, ist besondere Vorsicht geboten.

Um einen leicht überhängenden Felsen herum müssen sich gross Gewachsene leicht ducken, man kann sich hier aber immerhin an einer Sicherungskette festhalten. Um die Ecke wird man dann mit einer tollen Aussicht belohnt, und auf einem Rastplatz direkt unterhalb kann man sich in Ruhe einen weiten Überblick verschaffen.

Beim Abstieg entlang des Grats erhält man nach und nach tieferen Einblick auf den Oberen Segnesboden. Beim Abfluss des Bachs aus der Ebene überquert man eine ganz schmale, tiefe Schlucht. Danach steigen wir ab zurück auf den Weg zur Station Segnes.

P5 Gletschervorfeld

Die längere Variante führt uns um den Oberen Segnesboden herum ins Vorfeld des Gletschers. Zwischen dem Geröll wächst nur wenig Piniervegetation.

P6 Cassonsgrat

Auf der anderen Seite des Tals geht es hoch zum Cassonsgrat mit noch mehr Aussicht.

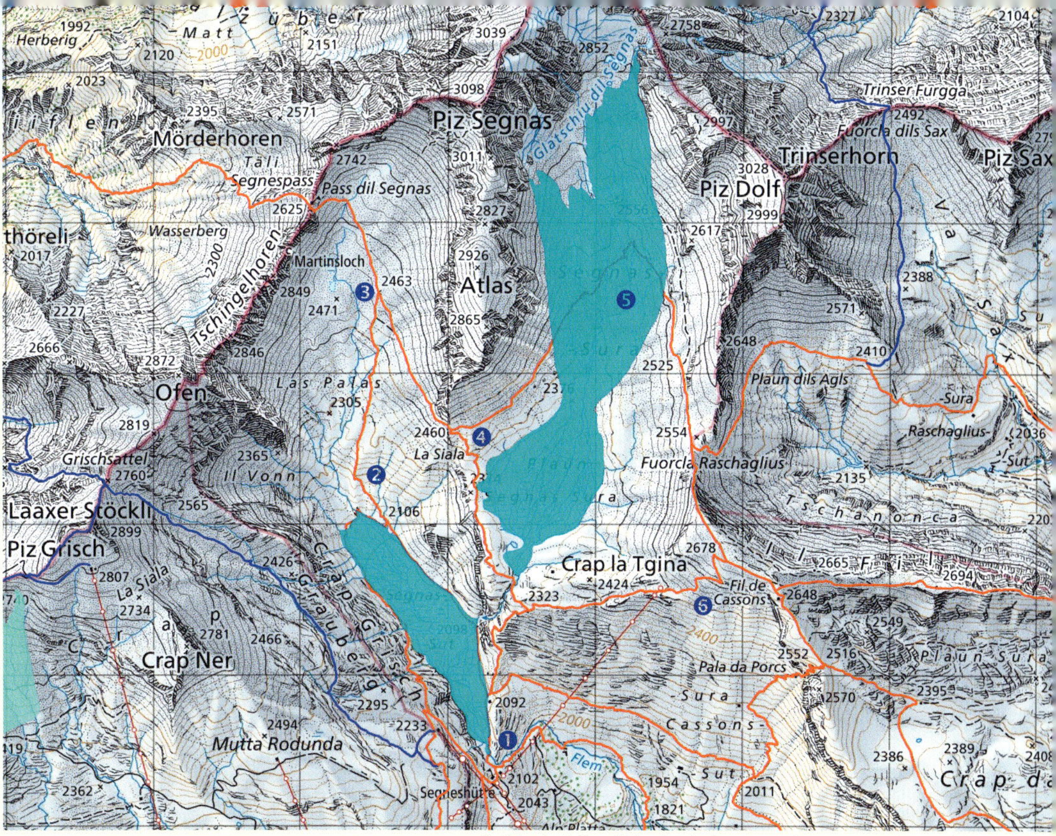

© Abdruck mit freundlicher Genehmigung von swisstopo, www.swisstopo.ch

Infos

KARTENMASSSTAB: 1:50 000

START/ZIEL: Station Segnes (bei der Segneshütte), erreichbar per FlemXpress ab Flims.

STRECKE: 8 km

HÖHENDIFFERENZ: ca. 400 m; total je 500 m Auf- und Abstieg

Schwierigkeitsgrad: T3 – Trittsicherheit erforderlich. Bergtaugliches Schuhwerk und evtl. Wanderstöcke empfohlen.

ZEITBEDARF: reine Marschzeit 3 Std.

VERKEHRSHINWEIS: Parkhaus bei der Talstation Flims; Langzeitparkplätze benutzen; Vorausbuchung/Zahlung per App möglich.

Abb. 7: Beim Abstieg entlang der Geländekante blickt man von oben auf die sich ständig verändernden Muster der verzweigten Gerinne und Trockenflächen im Unteren Segnesboden.

RAST/VERPFLEGUNG: Restaurant und Hotel Segneshütte

VARIANTE: Statt bei La Siala abzusteigen, kann man links abzweigen und die Höhe haltend taleinwärts Richtung Gletscher wandern. Nach der Brücke steigt der Weg an und kehrt dann um Richtung Cassonsgrat. Von dort hat man die Wahl, entweder zu Fuss zurück zur Station Segnes abzusteigen oder per Bergbahn ab Cassons (Eröffnung im Lauf der Sommersaison 2025) abzukürzen und direkt nach Flims hinunterzufahren.

JAHRESZEIT: Juni/Juli bis Oktober; Fahrplan der Bergbahnen beachten.

IM WEB:

- www.unesco-sardona.ch
- www.flimslaax.com
- www.segneshuette.ch
- www.flemxpress.ch

1

Val Frisal

Eine weitere prächtige Schwemmebene, eingebettet zwischen ein paar Dreitausendern, muss man sich mit einem längeren Aufstieg zu Fuss verdienen. Dabei streift man auch den höchstgelegenen Fichtenurwald Europas.

Die hier beschriebene Route ist länger als der direkte Weg zum Auengebiet und zurück; sie führt zunächst auf den Grep Gavigliauna, eine Felskuppe über dem Knick des Tals. Von dort gewinnt man eine wesentlich umfassendere und eindrücklichere Panoramasicht über die ganze Region im Vergleich zum begrenzten Blick unten im engen Talkessel. Die zusätzlichen Höhenmeter lohnen sich.

Zu Beginn der Wandersaison ist es ratsam, den Rundweg im oberen Teil der Route in umgekehrter Richtung zu gehen, falls man nicht sicher weiss, dass der Wanderweg vollständig ausgeapert ist. Sonst könnte es im ungünstigsten Fall passieren, dass die Abstiegsroute von einer Lawine verschüttet ist und/oder über Schneebrücken von fragwürdiger Tragkraft führt. Bei der Traverse des Steilhangs über der Schlucht ist beides sehr gefährlich. Müsste man deswegen umkehren, ginge die einzige Möglichkeit zurück wieder eine längere Strecke bergauf bis zur Abzweigung Richtung Alp Nova. Im Zweifelsfall ist es also klüger, sich rechtzeitig zu informieren oder sich der heiklen Stelle von unten zu nähern. Sollte der Weg unpassierbar sein, bleiben einem dann die beiden Optionen, direkt nach Brigels zurückzukehren oder nach dem Abstieg bis zur Brücke bewusst einen neuen Anlauf zu nehmen, um auf der anderen Talseite via Alp Nova bis zur Kuppe auf- und danach auf gleichem Weg wieder abzusteigen.

Abb. 1: Vom Grep Gavigliauna führt der Weg um den Berg herum hinunter zum Einschnitt unterhalb des Auengebiets. Hier sieht man wieder in die Ebene hinein in Richtung Brigelser Hörner und Piz Frisal mit den Resten ihrer Gletscher. Die Panoramasicht von der Kuppe weiter oben auf die Brigelser Hörner, den Bifertenstock und den Limmerenpass sei hier nicht vorweggenommen.

P1 Flem

Von der Bushaltestelle geht es durchs Dorf bis zum Flem, dem wir bergauf folgen. Flem bedeutet auf Rätoromanisch Fluss oder Wasserlauf; bekanntere Namensvetter sind die Ortschaft Flims und der dortige Bach, der aus dem Unteren Segnesboden abfliesst.

Durch das Tobel gewinnen wir mit variabler Steigung an Höhe. Der Weg führt mehrheitlich durch den Wald, ab und an gibt eine Lichtung den Blick auf den Bergbach frei.

P2 Urwald Scatlè

Nach der Alp da Stiarls gehen wir an einem Rastplatz im Schatten des Waldes vorbei, wo ein Brunnen mit langem Holztrog steht. Dahinter wird der Weg schmaler, verlässt den Wald und führt zwischen Waldrand und Flem weiter. Hier befindet sich Europas höchstgelegener Fichtenurwald und überhaupt einer der wenigen Urwaldreste in den Alpen. Durch die Untersuchung von Pollen konnte man bis zurück ins 13. Jahrhundert nachweisen, dass in diesem Wald kein menschlicher Einfluss zu spüren ist – weder durch Holznutzung,

Waldweide noch durch Köhlerei. Der Grund dafür dürfte das schwierige Terrain sein; der Wald wächst hier nämlich auf den Verrucano-Felsbrocken eines früheren Bergsturzes, durch den ein verzweigtes Höhlensystem entstanden ist. Aus den Löchern und Klüften zwischen den grossen Felsblöcken tritt an vielen Stellen ein kalter Hauch aus, weil Luft, die weiter oben in die Felsspalten eindringt, sich abkühlt und dadurch absinkt. Diese natürliche «Lüftung» beeinflusst sowohl die Ausaperung nach dem Winter als auch die Verjüngung des Waldes.

Wegen des kargen Untergrundes wachsen junge Fichten bevorzugt auf dem vermodernden Holz alter Baumstümpfe oder umgestürzter Stämme. Nach dem Zerfall des von den neuen Wurzeln umschlungenen alten Holzes stehen die Bäume teils wie auf Stelzen. Einzelne Fichten sind hier bis zu 650 Jahre alt.

2

3

Abb. 2: Dieser flachere Wegabschnitt liegt knapp ausserhalb des Urwaldreservats Scatlè. Es umfasst bis auf einen schmalen Streifen neben dem Weg das gesamte Waldstück im unwegsamen Hang links ausserhalb des Fotos. Die Waldflächen rechts im Bild sind ebenfalls Waldreservate. Im Hintergrund thront der Piz d'Artgas (2786 m).

Abb. 3: Heidelbeeren auf dem Grep Gavigliauna.

Abb. 4: Am unteren Ende des Auengebiets geht das flache Ufer des Gletscherbachs zwischen dem Geröll mit einer moorartigen Vegetation in den Hang über (siehe auch Vordergrund in Bild 1).

Die Schneise südlich des Uaul Scatlè ist ein Lawinenzug. Auch die gegenüberliegende Talseite ist, wie schon erwähnt, Lawinengebiet.

P3 Alp Nova / Alp Nova Sura

Bei der nächsten Brücke wechselt der Wanderweg entlang des Flem die Talseite. Wir zweigen vor der Brücke nach links ab auf den steil ansteigenden Weg zum Aussichtspunkt.

Wenn die Älpler anwesend und nicht gerade mit Arbeiten beschäftigt sind, kann man in einer der beiden Alphütten am Weg mitunter eine kleine Erfrischung erhalten und beim Verschnaufen einen Schwatz halten.

P4 Grep Gavigliauna

Die Felskuppe war auf einem wenige Jahre alten Kartenausschnitt von swisstopo noch mit Crap Cavigliauna beschriftet. Crap bedeutet auf Rätoromanisch Gestein, Stein, Fels. Grep ist wohl eine lokale Dialektform des Wortes. Unser Aussichtspunkt liegt auf 2074 m ü. M., ungefähr 200 m über dem Hochtal mit dem Auengebiet, das nun auf der anderen Seite der Kuppe zu sehen ist. Hier kann man sich nach dem Aufstieg verdient zum Rasten ins Gras setzen und die herrliche Aussicht geniessen. Im Spätsommer allenfalls sogar versüsst mit frischen Heidelbeeren, wobei die niedrigen Sträucher auf dieser Höhe nur eine bescheidene Ernte hergeben.

P5 Val Frisal

Vom Grep Gavigliauna steigen wir wieder ab zur Alp Nova Sura. Bei der Wegkreuzung unterhalb der Alphütte zweigen wir dieses Mal nach links ab und gehen in einem Bogen nach Norden hinunter nach Frisal. Dort hat eine Moräne das Hochtal abgeschlossen und die Schwemmebene aufgestaut. Das untere (östliche) Drittel des in der Karte blau überlagerten Gebiets aus dem Aueninventar ist

gleichzeitig ein Flachmoor von nationaler Bedeutung. Hier wächst eine besonders vielfältige Flora im und am Wasser.

Die weglose Ebene lässt sich ein wenig zu Fuss erkunden, wobei man im Hinterkopf behalten sollte, dass manche Moorpflanzen trittempfindlich sind. Also bitte keine Picknickgelage im Schutzgebiet veranstalten, bei denen man alles niedertrampelt. Auf dem Wanderweg zu bleiben ist am schonendsten.

P6 Flachmoor Paliu da Rubi

Bei Frisal überquert eine Brücke den Flem; der Weg führt von dort dem Bach entlang zurück nach Brigels. Schon unterhalb der Brücke befindet sich eine erste Kaskade, der bald weitere folgen. Auf einer flacheren Stufe passieren wir ein Flachmoor, weiter unten gelangen wir dann über die Brücke auf den bereits vom Aufstieg bekannten Weg zurück.

Der Ferienort Brigels bietet noch weitere Routen zum Wandern; statt dem Flem kann man auch höher oben den Bergflanken folgen.

Abb. 5: Der Abstieg durch die Lawinenhänge auf der linken Talseite – hier von unten gesehen – ist bei aperen Verhältnissen weitgehend unproblematisch. Das Gelände fällt allerdings an einzelnen Stellen neben dem Weg steiler zur Schlucht ab, als hier zu erkennen ist.

Abb. 6: In der Bildmitte liegt Paliu da Rubi, ein Flachmoor von regionaler Bedeutung. Im Flachmoor steht die Vegetation in Kontakt zum Grundwasser. Ein Hochmoor wird dagegen nur vom Regen gespeist und wächst stärker in die Höhe.

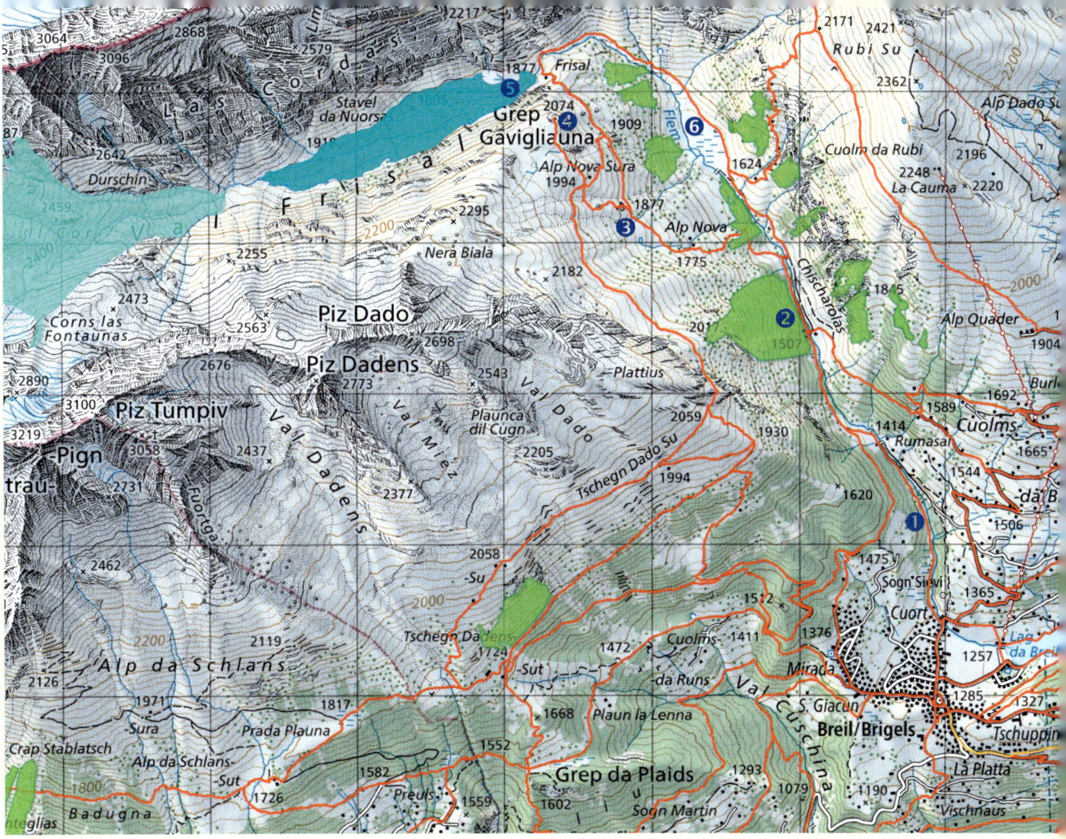

© Abdruck mit freundlicher Genehmigung von swisstopo, www.swisstopo.ch

Infos

KARTENMASSSTAB: 1:50 000

START/ZIEL: Bushaltestelle Breil/Brigels, Casa communala

STRECKE: 14 km

HÖHENDIFFERENZ: 800 m; total je 860 m Auf- und Abstieg

Schwierigkeitsgrad: T3 – Trittsicherheit erforderlich. Bergtaugliches Schuhwerk und evtl. Wanderstöcke empfohlen.

ZEITBEDARF: reine Marschzeit 5 Std.

VERKEHRSHINWEIS: Wenige Parkplätze im Dorf; 350 Plätze bei der Talstation am See; generell gebührenpflichtig an 7 Tagen/Woche.

RAST/VERPFLEGUNG: Restaurants/Hotels in Brigels, saisonal evtl. auch Getränke/Snacks auf der Alp Nova Sura, Eistee auf der Alp Nova.

VARIANTEN: Ohne Umweg über Grep Gavigliauna direkt nach Frisal und zurück.
Als Zwei- oder Dreitageswanderung könnte man unterhalb von Paliu da Rubi zur Bifertenhütte bzw. zur Muttseehütte SAC aufsteigen und durchs Nüschentäli oder durch den Schacht beim Limmerensee Richtung Linthal absteigen.

JAHRESZEIT: ca. Juli bis Oktober

IM WEB:

- www.surselva.info/Ferienregionen/Breil-Brigels
- www.outdooractive.com/de/poi/surselva/fichtenurwald-scatle/5914966
- www.brigels-bergbahnen.ch
- www.breil.ch/de

Isel und Welschtobelbach

Nahe beim beliebten Ferien- und Wintersportort Arosa befindet sich auch eine Auenlandschaft mit einem Zufluss, der als Wasserfall über die Felsen stürzt. Abseits vom Bärenland-Gehege ähnelt der Wald einem Bärenrevier in den Rockies.

Zwischen dem Valbellahorn und dem Schiesshorn liegt der Alteinsee auf 2252 m ü. M. Von dort fliesst der Alteinbach durch die steile, mit Felsen durchsetzte Talflanke des Welschtobels. In einer eingeschnittenen Schlucht gibt es einen grossen und etwas weiter unten einen kleinen Wasserfall. Beide sind durch kurze Sackgassen erschlossen. Unsere Wanderung führt durchs Auengebiet zu den beiden Fällen und holt auf dem Rückweg zu einer erweiterten Runde aus, die den Stausee Isel miteinbezieht.

P1 Welschtobelbach

Der erste Abschnitt der Route verbindet zwei weitere Seen: Der Bahnhof Arosa liegt direkt am Obersee, und von dort gehen wir hinunter zum Strandbad Untersee. Wer den asphaltierten Teil der Strecke verkürzen möchte, kann auch den Ortsbus nehmen.

1

Vom Strandbad geht es weiter hinunter zum Talboden und zur Brücke über die Plessur bei der Kläranlage im Spickel zwischen Plessur und Welschtobelbach. Letzteren überspannt eine Hängebrücke. Unser Weg führt jedoch geradeaus daran vorbei. Ein paar Hundert Meter weiter verläuft der Weg bei einer Biegung näher am Bach und seinem flussabwärts erstaunlich breiten Kiesbett.

P2 Holzbrücke

Unterhalb der Einmündung des Alteinbachs wechseln wir über eine Holzbrücke auf die andere Seite des Welschtobelbachs und gehen weiter flussaufwärts. Am Hang gedeiht hier ein Erika-Bergföhrenwald mit einem etwas anderen Charakter als der vorher überwiegende Fichtenwald. Am Waldboden finden sich unter anderem auch Flechtenpolster und für diesen Lebensraum typische Pflanzen. Wer sich auskennt, entdeckt interessante Arten.

P3 Kleiner Wasserfall

Beim Punkt 1658 nehmen wir die Abzweigung nach links, die zum unteren Wasserfall ansteigt. Der Weg verliert sich oben fast im Kies (Bild 1), doch ist die Richtung klar, und an einzelnen Bäumen sind weiss-rot-weisse Markierungen angebracht. Bald erreicht man den stiebenden Wasserfall und eine Informationstafel am Ende des Weges. Von dort gehen wir wieder zurück zur Abzweigung und diesmal nach unten über die Brücke.

P4 Grosser Wasserfall

Auf der anderen Seite des Alteinbachs folgt der Weg kurz dem Welschtobelbach, dann biegt er nach links ab und wird steiler. Es geht im Zickzack einen locker bewaldeten Schuttkegel hoch; an offeneren Stellen kann man ins Welschtobel mit den umliegenden Bergen schauen. Der Weg über feines Geröll, Erde und Wurzeln kann rutschig sein, vor allem

Abb. 1: Es ist nicht zu übersehen, dass der Alteinbach links ausserhalb des Bildes manchmal sehr, sehr viel Geschiebe mitbringt, wenn er über die Ufer tritt. Im Hintergrund liegt Arosa.

Abb. 2: Bei dieser Holzbrücke überqueren wir auf dem Hinweg den Welschtobelbach.

Abb. 3: Etwas oberhalb der Holzbrücke führt der Weg durch lichten Erika-Bergföhrenwald. Im Foto ist die Blickrichtung nach Norden (bergab).

Abb. 4: Den kleinen Wasserfall (oberhalb der Geröllhalde von Bild 1) kann man ganz aus der Nähe betrachten.

bei Nässe. Am Punkt 1836 zweigen wir links ab und gelangen bald zu einer Holzbank mit Blick auf den Wasserfall. Direkt am Abgrund stehend sieht man in die Schlucht hinunter.

P5 Iselwald

Vom oberen Wasserfall gehen wir auf dem gleichen Weg zurück bis zur Holzbrücke bei Punkt 2 bzw. in Bild 2. Dort gehen wir auf der rechten Talseite weiter durch den Iselwald. Es gibt dort Rastplätze, und im Frühsommer blüht stellenweise der Frauenschuh. Vielleicht entdeckt man auch Tannen- oder Haubenmeisen in den Fichten oder Schmetterlinge und andere Insekten am Wegrand.

P6 Stausee Isel

Bei der Lichtung im Isel biegen wir rechts und dann links ab zum Stausee. Fast bei der Staumauer kehren wir bei der Abzweigung um und nehmen den Pfad hinauf nach Arosa.

Abb. 5: Der grosse Alteiner Wasserfall weist eine beachtliche Höhe auf. Mitte September führt er weniger Wasser als während der Schneeschmelze.

Abb. 6: Der Stausee Isel hat bei den Zuflüssen am oberen Ende markant ausgeprägte Deltas mit viel abgelagertem Geschiebe.

Abb. 7: Im moosigen Waldboden am Hang wächst ein Dunkelvioletter Schleierling. Die oberirdischen Fruchtkörper von Pilzen sind im Boden durch ein weitreichendes Myzel (Pilzfäden) verbunden.

© Abdruck mit freundlicher Genehmigung von swisstopo, www.swisstopo.ch

Infos

KARTENMASSSTAB: 1:25 000

START/ZIEL: Bahnhof Arosa

STRECKE: 10 km

HÖHENDIFFERENZ: ca. 250 m; 430 m ↑ und ↓

Schwierigkeitsgrad: T3 – Trittsicherheit erforderlich. Bergschuhe u. Wanderstöcke empf.

ZEITBEDARF: reine Marschzeit 3 Std.

AUTO: Parkplätze beim Bahnhof oder Parkhaus

RAST/VERPFLEGUNG: Lokale/Hotels in Arosa

VARIANTE: Vom grossen Wasserfall weiter hinauf zum Alteinsee, das Schiesshorn umrunden und via Furggawald oder Grüenseeli/Furggaalp zum Stausee Isel absteigen, dann wie beschrieben zurück nach Arosa. Aufgepasst: Das geht rund 600 m höher hinauf und mehrere Kilometer weiter – gute Kondition nötig.

JAHRESZEIT: Juni/Juli bis Oktober

IM WEB:

▸ www.arosalenzerheide.swiss

Greina

Diese urtümliche Hochebene mit Auen- und Moorflächen wäre beinahe unter einem Stausee verschwunden. Zum Glück gelang es mit beherztem politischem und künstlerischem Einsatz, diese einmalige Landschaft zu erhalten.

An der Grenze zwischen Graubünden und Tessin treffen drei Täler in der Greina zusammen: das Val Lumnezia, das Val Sumvitg und das Bleniotal. Diese Täler sind denn auch die wichtigsten Zugänge zur Hochebene, die man nur zu Fuss erreichen kann. Die seit 1992 geschützte Auenfläche liegt vollständig innerhalb eines grossen Jagdbanngebiets und der BLN-Landschaft «Greina-Piz Medel», die 1996 ins Inventar aufgenommen wurde.

Bevor diese national bedeutende Naturlandschaft unter Schutz gestellt wurde, plante die Energiewirtschaft, hier einen Stausee anzulegen. Schon vor dem Ersten Weltkrieg gab es erste Pläne, die man dann mehrfach zurückstellte und wieder hervorholte. Neben einigen Naturschutzverbänden setzte sich insbesondere der aus England eingewanderte Architekt und Künstler Bryan Cyril Thurston unermüdlich dafür ein, auf die Greina auf-

1

merksam zu machen und für ihren Schutz zu werben. Er war fasziniert von der Schönheit der alpinen Tundra in dem hügeligen Hochtal, das ihn wohl an seine schottische Heimat erinnerte. Über diesen künstlerischen Politaktivismus ist 2024 ein Film erschienen.

Die Wanderung durch die Greina ist nur für sehr gut trainierte Berggänger in einem einzelnen Tag zu bewältigen. Mit einer Übernachtung in einer der SAC-Hütten wird das Vorhaben deutlich entspannter, und hoffentlich kommt man am Morgen oder am Abend in den Genuss von besonderen Licht- und Wolkenstimmungen, die den Charme dieser wilden Landschaft noch steigern.

Die vorgeschlagene Route führt vom Val Lumnezia her über den Pass Diesrut zur Terrihütte. Die Übernachtung sollte man möglichst frühzeitig buchen, da die Hütte insbesondere während der Sommerferien meist stark belegt ist. Auch den Bus alpin, der einem viele Kilometer Fussmarsch ab der Postauto-Endhaltestelle in Vrin erspart, muss man im Voraus reservieren. Am zweiten Tag unserer Tour durchqueren wir die Greinaebene und steigen schliesslich auf der Tessiner Seite zum Lago di Luzzone hinunter. Auch auf dieser Seite kürzt der Bus alpin die Wanderung markant ab; er fährt fahrplanmässig nur zweimal pro Tag, sodass man bei der Zeitplanung genügend Reserve vorhalten sollte.

Abb. 1: Ein unberührtes Naturjuwel: die Aue mit dem frei fliessenden Oberlauf des Somvixer Rhein (Rein da Sumvitg) in der Greinaebene.

Abb. 2: Am langen Aufstieg vom Val Lumnezia auf den Pass Diesrut steht diese Sirupbar.

Abb. 3: Beim Wasserfall quert die 65 m lange Hängebrücke Punt la Greina den Somvixer Rhein in Richtung Terrihütte und Val Sumvitg.

Abb. 4: Erst beim Abstieg auf der Westseite des Pass Diesrut sieht man auf die Greina-Hochebene.

Abb. 5: Eine Arnikablüte vor einem Felsblock.

P1 Alp Diesrut

Der erste Abschnitt unseres Weges führt uns hinein ins V-Tal des Baches Aua Diesrut. Wir entfernen uns immer mehr von den kleinen Siedlungen oberhalb von Vrin, und nach einem Buckel verschwinden sie ganz aus dem Blickfeld. Rundum sieht man nur noch steile Hänge mit einigen Bergbächen, die jeweils in der Falllinie eine Furche in die Talflanke graben. Die Flora wird mit dem Anstieg alpiner, und die Wiesen sind immer häufiger mit Felsen und Geröll durchsetzt.

P2 Pass Diesrut

Vor dem Passübergang verläuft der Weg fast nur noch durch Geröll, und meist liegen in den Schattenhängen noch mehr oder weniger grosse Schneefelder; eventuell muss man sogar welche durchqueren.

Die Passhöhe selbst ist recht flach, sodass man noch nicht auf die andere Seite hinunter

sieht, sondern erst noch weitergehen muss, um den ersten Blick auf die Greinaebene zu erhaschen. Beim Abstieg tauchen dann auch die Hängebrücke weiter unten und die Terrihütte rechts hinter der Gratkante auf.

P3 Terrihütte

Über die Punt la Greina gelangen wir auf die andere Seite der Schlucht, durch die der Somvixer Rhein tost. Bald ist die SAC-Hütte er-

Abb. 6: Der Gipfel des Piz Terri erreicht 3149 m, über 900 m höher als der Boden des Auengebiets im Hochtal, der auf rund 2200 m liegt.

Abb. 7: Fast zuoberst im Val Sumvitg steht die Terrihütte auf einer Hügelkuppe. Der Aufstieg zur Terrihütte durchs Val Sumvitg ist anspruchsvoller.

Abb. 8: In der Greinaebene winden sich die Gewässer durch das hügelige Terrain und entlang von Felsriegeln. Foto: © Heinz Staffelbach

Abb. 9: In den Geländekammern der Greina trifft man auf weitere Auen- und Moorflächen. Foto: © Heinz Staffelbach

reicht. Vor oder nach dem Nachtessen kann man in der Umgebung noch ein wenig nach Steinwild Ausschau halten.

Am nächsten Morgen geht es zurück über die Hängebrücke ins Auenschutzgebiet.

P4 Greinaebene

Die Schwemmebene in Bild 1 hat nur wenig Gefälle; der ganze Kessel der Greina ist durch die verzweigten Zuflüsse und einige Felsrippen hügelig gegliedert. In den flachen Mulden finden sich moorige Bereiche, insbesondere ein grosses, national bedeutendes Flachmoor südlich von Crap la Crusch.

Unterwegs durch die Hochebene hat man zeitweise links den Piz Terri und rechts den Piz Medel im Blick. Vom Weg aus lassen sich manchmal Murmeltiere entdecken, mit Glück auch Kreuzottern, die hier einen geeigneten Lebensraum finden. Diese Schlangenart ist giftig, aber kaum angriffslustig, wenn man sie nur aus gebührendem Abstand anschaut – sofern sie nicht von selbst das Weite sucht. Schlangen sehen zwar eher schlecht, dafür reagiert ihr Körper ziemlich empfindlich auf Erschütterungen, etwa von daherstampfenden Wanderschuhen.

P5 Motterasciohütte

Der Weg hinunter ins Bleniotal führt uns an einer weiteren SAC-Hütte vorbei, in der man bei Bedarf einkehren kann. Dann beginnt der Abstieg durch ein stellenweise enges Tobel zum Stausee. Im Vergleich zum Val Lumnezia bemerkt man hier vielleicht schon den südlicheren Charakter der Vegetation.

P6 Lago di Luzzone

Den Abschluss unserer Route bildet der Wegabschnitt am Seeufer. Vor dem Tunnel liegt die Endhaltestelle des Bus alpin; die nächste ist beim Restaurant an der Staumauer.

10

11

12

© Abdruck mit freundlicher Genehmigung von swisstopo, www.swisstopo.ch

Infos

KARTENMASSSTAB: 1:100 000

START/ZIEL: Bushaltestelle Vrin, Parvalsauns / Bushaltestelle Lago di Luzzone (bei wetterbedingtem Betriebsunterbruch ggf. Ghirone, Aquilesco ca. 2,5 km weiter talwärts)

STRECKE: 1. Tag: Parvalsauns–Terrihütte 6,7 km; 2. Tag: Terrihütte–Lago di Luzzone 13 km

HÖHENDIFFERENZ: 1. Tag: ca. 800 m; 850 m ↑ und 320 m ↓; 2. Tag: 700 m; 340 m ↑, 890 m ↓

Schwierigkeitsgrad: T3 – Trittsicherheit erforderlich. Bergschuhe u. Wanderstöcke empf.

ZEITBEDARF: reine Marschzeit 1. Tag 3 Std., 2. Tag 4 Std. (in gemütlichem Tempo länger)

AUTO: wenige/keine offiziellen Parkplätze, teils weit entfernt und zeitlich beschränkte Parkdauer; Anreise mit ÖV empfohlen

RAST/VERPFLEGUNG: Terrihütte, Motterasciohütte; Ristorante Luzzone bei der Staumauer

VARIANTEN: umgekehrte Richtung und/oder westlich des Auengebiets via Greinapass–Val Camadra nach Pian Geirett oder Ghirone

JAHRESZEIT: ca. Juni/Juli bis Oktober

IM WEB:

- www.surselva.info/Natur/Greina-Hochebene
- www.busalpin.ch
- www.terrihuette.ch
- capannamotterascio.casticino.ch
- www.greina-film.ch

Abb. 10: Bei der Motterasciohütte wird der Abstieg steiler. Im Hintergrund des Fotos erkennt man bereits ein Stück des Lago di Luzzone. Foto: © Heinz Staffelbach

Abb. 11: Im Sommer verzaubert das Wollgras die Feuchtgebiete in der Greinaebene mit einem Meer aus Wattebällchen.

Abb. 12: Ein Hermelin scheint auf einer Felsplatte eine Spur zu wittern. Im braunen Sommerfell unterscheidet es die schwarze Schwanzspitze vom kleineren Mauswiesel, das ebenfalls bis ins Hochgebirge vorkommt. Im Winter wächst dem Hermelin ein weisses Fell (ebenfalls mit schwarzer Schwanzspitze), Mauswiesel bleiben meist braun.

Val Morteratsch

Im Oberengadin finden wir ein gut erschlossenes Gletschervorfeld mit eigenem Bahnhof. Ein nur leicht ansteigender Fussweg führt zum Gletscher – auch als Winterwanderweg. Anspruchsvoller ist der Aufstieg zur Bovalhütte im Sommer.

Die ersten knapp drei Kilometer der Strecke entlang des Baches sind als Gletscherlehrpfad gestaltet. Er reicht bis zu einer Art Rastplatz vor der Brücke in der Nähe der Markierung P4 auf der Karte. Sechzehn Haltepunkte mit Infotafeln zeigen, wie weit die Zunge des Morteratschgletschers in vergangenen Jahren ins Tal hinunterreichte, und nennen weitere Fakten zum Gletscher und über das Leben in seinem Vorfeld. Der Winterwanderweg führt

1

2

in der Regel nur bis zu diesem Punkt; die Fortsetzung über die Brücke, ein Geröllfeld und eine Felsstufe begeht man besser nur bei eis- und schneefreiem Weg. Nach dem Stand der Karte (2024/2025) reicht der Weg etwa bis zur Gletscherzunge; mit deren weiterem Zurückweichen wird der neu freigelegte Untergrund sich verändern und damit auch die möglichen Gefahren für Wanderer und/oder die Pioniervegetation. Man ist gut beraten, Warnhinweise und Sperrungen zu beachten und eine allfällig zugängliche Eishöhle am Gletschertor nicht zu betreten. Das ist insbesondere bei Temperaturen über dem Gefrierpunkt wegen der Gefahr von Eisbruch lebensgefährlich. Auch der Wasserabfluss aus dem Gletscher kann sich unerwartet verändern.

Wer die leichte, aber lohnende Wanderung im Tal noch nicht kennt, sollte sie sich nicht entgehen lassen. Das Val Morteratsch ist zu Recht sehr beliebt und in allen Jahreszeiten interessant. Highlights sind etwa die gelb verfärbten Lärchen im Oktober und der knirschende Schnee unter den Füssen an eisigen Wintertagen, wenn hier (kurz) die Sonne scheint, während das Mittelland unter einer Hochnebeldecke in drögem Grau versinkt. Da tut eine Flucht ins Winterwunderland gut.

Abb. 1: Die RhB setzen gelegentlich historisches Rollmaterial ein. Hier hält ein Nostalgiezug im Bahnhof Morteratsch. Der abgebildete Triebwagen ist seit 1911 in Betrieb.

Abb. 2: Eine unerwartete Begegnung: An einem ruhigen Winterabend zeigt sich eine Gämse recht nah am Weg im Talgrund. Weitere Artgenossen halten sich in der Umgebung auf.

Abb. 3: Die hohen Berge der Berninagruppe lassen der Sonne im Winter nur ein Zeitfenster von wenigen Stunden, um ins Tal zu scheinen.

Abb. 4: Oberhalb der Abzweigung bei Punkt 1963 sieht man über die Lärchen hinweg auf den Morteratschgletscher (Ausschnitt mit Teleobjektiv).

Abb. 5: Noch ein kleines Stück höher hat man den Überblick über den oberen Talabschnitt mit dem historischen Trog des Gletschers (Weitwinkelfoto).

P1 Ova da Morteratsch

Die hier vorgeschlagene Route beinhaltet nur einen Teil des Gletscherlehrpfads und konzentriert sich auf den Hüttenweg. Dieser bietet von oben eine bessere Übersicht über das Gebiet und schliesst auch die höhergelegenen Gletscherflächen mit ein, die von der Bovalhütte aus einsehbar sind.

Noch in Sichtweite des Bahnhofs gibt es eine Abzweigung; ein Wegweiser zeigt zur

6

7

8

Bovalhütte, und eine Tafel informiert, ob die Hütte geöffnet hat. Wir folgen hier aber weiter dem Gletscherlehrpfad entlang des Baches und zweigen erst beim Punkt 1963 (❶ auf der

Abb. 6: Im Sommer 1996 füllte der Morteratschgletscher das Trogtal noch deutlich weiter aus. In diesem Foto – von Paradis am Nordwestgrat des Piz Albris her gesehen – erkennt man, dass der Persgletscher (links) noch als mächtige Eisschicht mit dem Morteratschgletscher verbunden war.

Abb. 7: Bis August 2023 hat sich der Persgletscher weit zurückgezogen. Unterhalb der Isla Persa zwischen den beiden Gletschern liegen jetzt mehr Fels und Geröll frei. Vom Persgletscher (links) rinnt nur noch ein Bach zum Morteratschgletscher (im Vordergrund, von der Seite).

Abb. 8: Bei der wahrscheinlich nächtlichen Aktivität hat ein Schneehase seine typischen Trittsiegel im Schnee neben dem Weg hinterlassen.

Abb. 9: Ein Lichtstreifen zwischen den Wolkenschatten erhellt die aufgefächerte Schwemmebene im Gletschervorfeld. Der Hüttenweg bietet einen guten Einblick schräg von oben.

Karte) zum Hüttenweg ab. Auf diesem unscheinbaren Pfad zwischen den beiden Wegen lohnt es sich, beim Aufstieg zurückzublicken, denn diese leicht erhöhte Position sorgt für einen Überblick über den bewaldeten Teil des Tales, den man sonst nicht zu sehen bekommt. Sowohl auf dem Gletscherlehrpfad als auch auf dem Hüttenweg verdeckt der Wald praktisch dauernd die Sicht, bis man erst weiter oben aus dem Wald heraustritt. Beim Punkt 2050 schwenken wir nach Süden auf den Hüttenweg ein und folgen diesem.

P2 Seitenmoräne

Der Wald besteht vor allem aus Lärchen und Arven. Letztere produzieren in den Zapfen nahrhafte Nüsschen – die Leibspeise des Maskottchens des Schweizerischen Nationalparks: Es heisst auf Rätoromanisch Cratschla, auf Deutsch Tannenhäher. Der «summendrätschende» Ruf dieses knapp taubengrossen Rabenvogels ist ganz typisch für solche alpinen Wälder nahe oder an der Waldgrenze.

Der Weg zur Bovalhütte verläuft teils auf und neben dem Kamm der früheren Seitenmoräne des Gletschers, wie rechts in Bild 6 noch knapp zu erkennen ist. Von hier sieht man schön auf die Schwemmebene (Bild 9) und den Gletscher hinunter (Bild 12).

P3 Bovalhütte SAC

Der obere Teil des Hüttenweges geht stellenweise durch felsiges Gelände. Nach und nach sieht man immer mehr von den umliegenden Gletschern und der Gipfelregion der Berninagruppe einschliesslich der Diavolezza, welche von der Rückseite her, also vom Val Bernina aus, zugänglich ist. Ebenfalls ein lohnendes Ziel, falls man länger in der Region bleibt.

Wer in der Bovalhütte übernachtet, kann in den Genuss richtig spektakulärer Morgenstimmungen kommen. Um den längsten Tag

9

herum streift das Licht der aufgehenden Sonne auch die Nordseite des Piz Palü.

Auf dem Rückweg bleiben wir bei der Abzweigung zum Gletscherlehrpfad auf dem Hüttenweg und steigen durch den Wald zum Bahnhof ab (ausser für eine Verlängerung).

P4 Schwemmebene und Gletscherzunge

Wer fit ist und noch Zeit hat, kann als Variante den Rest des Gletscherlehrpfads anhängen.

10

11

12

Abb. 10: Die Bovalhütte steht hoch über dem Gletscher und bietet eine tolle Panoramasicht auf die Diavolezza und die Berninagruppe.

Abb. 11: Auf dem Geröll der Seitenmoräne blühen Wald-Weidenröschen. Eine verwandte Art, Fleischers Weidenröschen, ist eine für Vorfelder typische Pionierpflanze, die sich oft zuerst ansiedelt.

Abb. 12: Am Rand des Morteratschgletschers ist Eis abgebrochen. Das Gletschereis ist aus komprimiertem Schnee entstanden, wobei die Luftblasen herausgedrückt und die Kristalle vergrössert wurden. Das verstärkt die blaue Farbe des Eises.

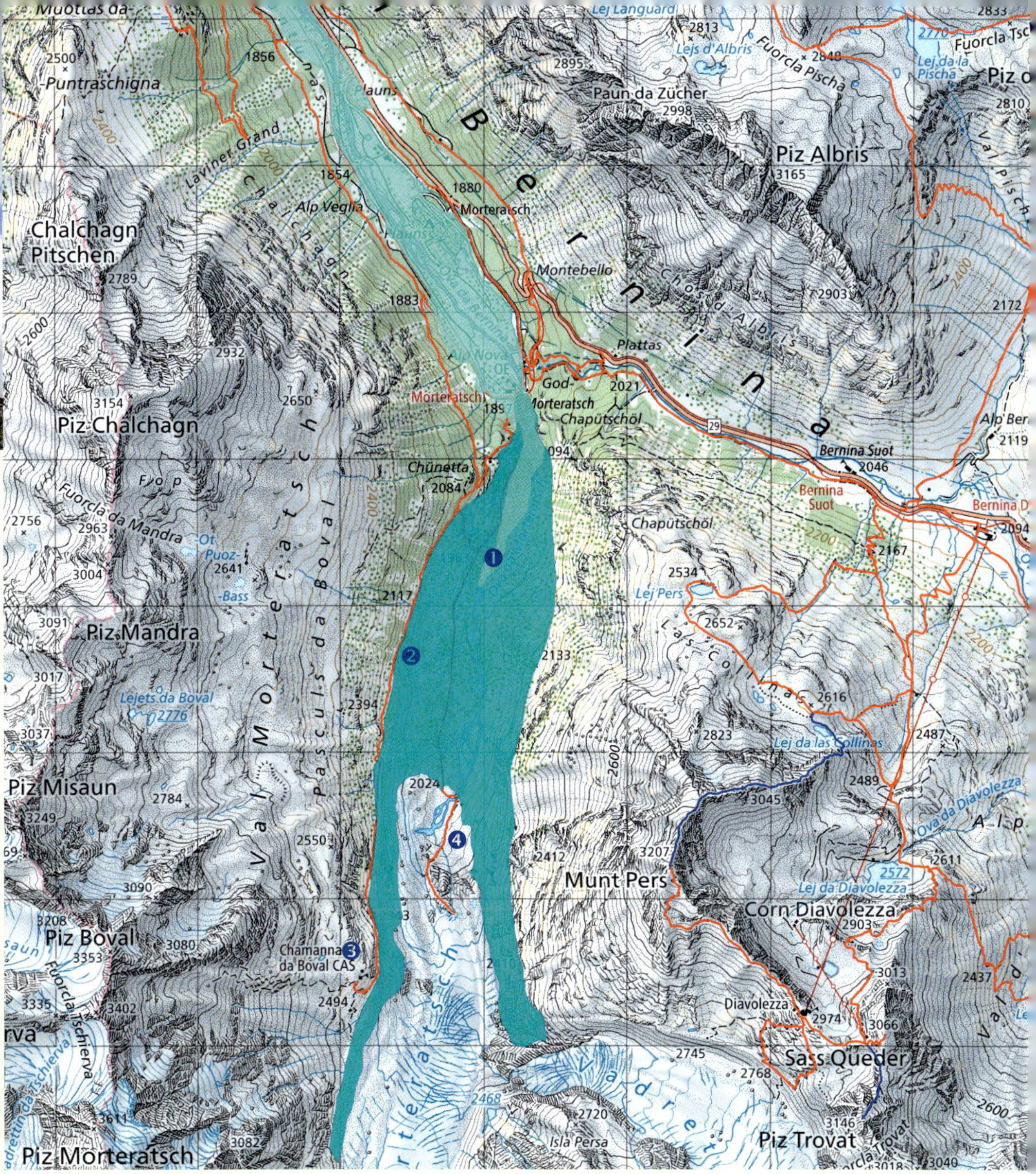

© Abdruck mit freundlicher Genehmigung von swisstopo, www.swisstopo.ch

Infos

KARTENMASSSTAB: 1:50 000

START/ZIEL: Bahnhof Morteratsch

STRECKE: Zur Bovalhütte 10,5 km; Talweg 8 km

HÖHENDIFFERENZ: 600 m; total je 630 m Auf- und Abstieg. Talweg: 260 m, 280 m ↑↓

Schwierigkeitsgrad: Zur Bovalhütte: T3 – Trittsicherheit erforderlich. Bergtaugliches Schuhwerk und evtl. Wanderstöcke empfohlen. Talweg: T2; im Winter evtl. Schneeschuhe.

ZEITBEDARF: Marschzeit 3½ Std. (Tal 2¼ Std.)

AUTO: Grosser Parkplatz nahe Bhf Morteratsch.

RAST/VERPFLEGUNG: Hotel Restaurant Morteratsch direkt neben Bahnhof, Bovalhütte SAC

VARIANTE: Im Sommer lassen sich der Hüttenweg und der Weg im Talboden kombinieren.

JAHRESZEIT: Juni/Juli bis Okt. / Tal ganzjährig

IM WEB:

- www.engadin.ch
- www.swisseduc.ch/glaciers/morteratsch/index-de.html

Ampferenboden und Ofenloch

In der Ostschweiz verbirgt sich unterhalb des Säntis ein eher kleines, aber topografisch spannendes Auengebiet. Der Necker entspringt in einem engen Felskessel zwischen Nagelfluhwänden und Wasserfällen von allen Seiten.

Wir schauen uns die urchige Schlucht zuerst von oben an und erkunden sie dann von unten dem Bach entlang. Obschon das Gebiet nicht sehr hoch gelegen ist, bleibt es wegen des vielen Waldes auch im Sommer kühl. Für kalte Schauer sorgt mitunter auch die ziemlich abenteuerliche Route; sie ist nichts für Leute mit Höhen- oder Platzangst, und beim «Canyoning light» muss man kurze Strecken klettern und bekommt wahrscheinlich auch nasse Füsse. Deshalb ist es auf jeden Fall ratsam, ein zweites Paar Schuhe mitzunehmen, mit denen man im Bachbett gehen kann. Zum Beispiel Trekkingsandalen oder Segelschuhe mit griffiger Profilsohle, aus denen das Wasser ablaufen kann und die schnell trocknen.

P1 Schwägalp

Da sich diese Wanderung ganz schön in die Länge zieht, lohnt sich ein möglichst frü-

her Start. Und zur Orientierung auf den verzweigten Waldwegen ist es sehr nützlich, eine aktuelle Karte 1:25 000 mitzunehmen. Im abgelegenen und felsigen Gebiet ist der Mobilfunkempfang möglicherweise lückenhaft.

Unser Abenteuer beginnt am Fuss des Säntis ganz harmlos mit einem leichten Anstieg zum Waldrand, dann durchquert der Weg bald das Lauchriet, eine Lichtung mit moorigem Boden – ein erster Wildnis-Akzent.

Beim Chräzerenpass kreuzen wir einen anderen Weg, folgen der Hornstrasse nach Norden und dann in einem Bogen nach Westen. Via Färetmoos und Tiefenschluchen gehen wir nach Engi und weiter bis Punkt 1259; dort zweigen wir nach Osten und hinunter ab.

P2 Am Rand des Abgrunds

Der schmale Pfad führt uns am Hang der Schlucht entlang. Linker Hand fällt das Gelände steil ab, ohne dass man ganz hinuntersieht. Es gibt kein Geländer, also geht man besser konzentriert und vorsichtig.

Wir umrunden den tiefer gelegenen Teil der Schlucht mit dem Ofenloch, einer Halbhöhle im Fels, überqueren Zuflüsse des Neckers und unterqueren den Wasserfall in Bild 3. Auf der anderen Seite der Schlucht steigt der Weg an und führt auf die Alp Neuwald, eine grosse Lichtung mit einem Stall mittendrin. Weiter nach Westen und durch den Vorder Cholwald steigen wir zum Ampferenboden ab.

Abb. 1: Am oberen Rand der Schlucht blickt man aus dem Wald auf die gegenüberliegende Felswand. Wie tief es hinuntergeht, ist von hier nicht zu erkennen.

Abb. 2: Der Start der Wanderung liegt in der Nähe der Talstation der Säntisbahn. Von der Alp Neuwald aus sieht man den Säntisgipfel mit dem markanten Sendeturm aus der Ferne.

Abb. 3: Beim Umrunden des Kessels mit dem Ofenloch führt der Weg auf einem höheren Niveau unter mächtigen, überhängenden Felsen und einem Wasserfall hindurch.

4

5

6

P3 Neckiweg

Bei der Brücke über den Necker steht eine Tafel mit wichtigen Hinweisen zur Begehung der Neckerschlucht. Diese erfolgt auf eigene Gefahr, und man sollte sie nur bei trockenem Wetter und tiefem Wasserstand erwägen. Bei Nässe ist es rutschig und Steinschlag droht, bei Gewittern nimmt der Abfluss rasch zu.

Bis zum Felskessel und wieder zurück geht es meist weglos durchs Bachbett; vereinzelt helfen Fixseile, über Felsstufen und am steilen Ufer um Hindernisse zu kraxeln.

P4 Ampferenboden

Zurück in der offenen Kiesebene kann man sich eine Rast bei der Grillstelle gönnen. Das

Abb. 4: Beim Ofenloch sieht man nur noch einen schmalen Streifen Himmel.

Abb. 5: In der Schlucht geht man neben oder im Bachbett. An einzelnen Kletterstellen helfen Seile.

Abb. 6: Der Necker im Ampferenboden.

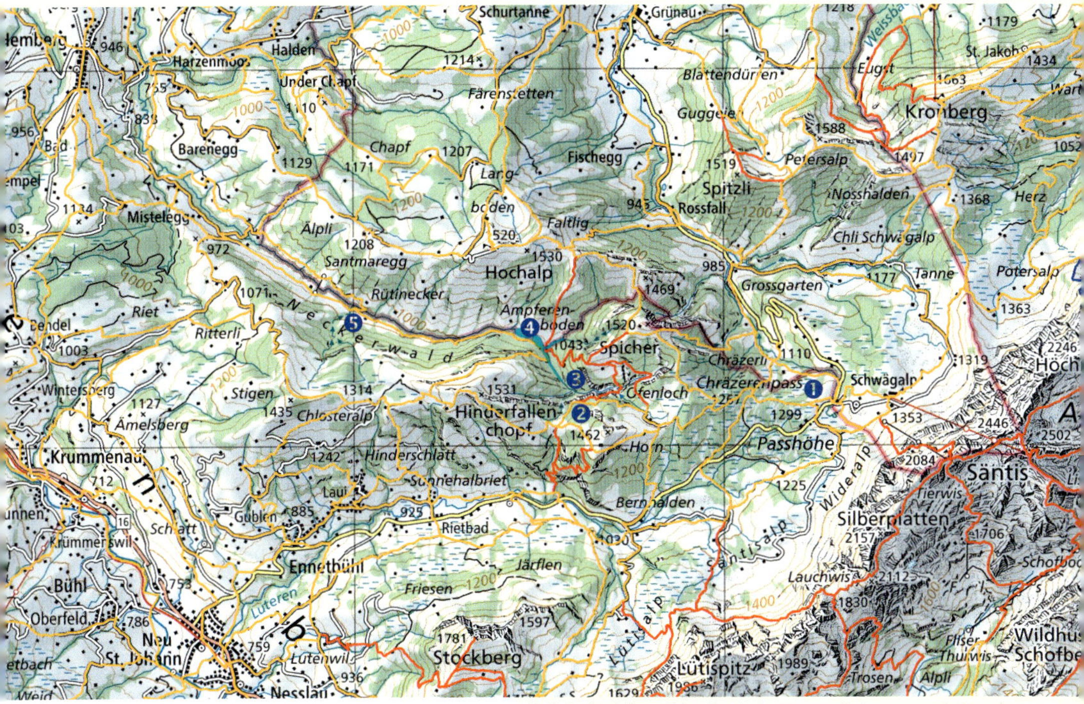

© Abdruck mit freundlicher Genehmigung von swisstopo, www.swisstopo.ch

Auenschutzgebiet umfasst nur einen kleinen Teil des oberen Neckertals, das der WWF als Gewässerperle ausgezeichnet hat. Hier leben Feuersalamander, Edelkrebse, Steinfliegen und Fischarten, die sauberes Wasser brauchen.

P5 Neckerwald

Auf dem breiten Fahrweg könnte man nun fast geradeaus und mit wenig Gefälle zum Ziel wandern. Um mehr Abwechslung (und Höhenmeter) in die Strecke zu bringen, wechseln wir bei P5 auf die rechte Talseite und nördlich der Mistelegg wieder zurück. Wo sich der gelbe Wanderweg gabelt, bleiben wir in der Mitte auf der Strasse zur Haltestelle.

Infos

KARTENMASSSTAB: 1:100 000

START/ZIEL: Bushaltestelle Schwägalp, Passhöhe / Hemberg, Rütelirank

STRECKE: 19 km

HÖHENDIFFERENZ: ca. 550 m; 700 m ↑, 1150 ↓

Schwierigkeitsgrad: T3 (Schlucht T4) – Trittsicherheit und Schwindelfreiheit erforderlich. In der Schlucht gibt es kurze Kletterpassagen; die Route ist nicht für Kleinkinder geeignet. Bergschuhe und evtl. Wanderstöcke empfohlen; zweites Paar Schuhe zum Gehen im Wasser.

ZEITBEDARF: reine Marschzeit ca. 6 Std.

AUTO: für Einwegroute Anreise mit ÖV empf.

RAST/VERPFLEGUNG: Gasthaus Passhöhe Schwägalp, Rest. Alpstöbli Mistelegg

VARIANTEN: Für die Umrundung der Schlucht auf etwas höherem Niveau nach Horn bei Punkt 1276 rechts (nach N) abzweigen.

JAHRESZEIT: ca. Mai bis Oktober

IM WEB:
- hemberg-tourismus.ch
- www.toggenburg.swiss
- www.alpstoebli.ch

Dammareuss und Chelenalptal

Zuoberst im Göschenertal und in dessen nordwestlicher Verzweigung, dem Chelenalptal, speisen der Dammagletscher die Dammareuss und weitere Gletscher die Chelenreuss. Zwei Flächen der Gletschervorfelder sind als Auen geschützt.

Der ursprüngliche Zusammenfluss der Chelen- und der Dammareuss liegt heute meist unter dem Wasserspiegel des Göscheneralpsees. Dabei handelt es sich um einen Stausee, der als Sammelbecken für das Kraftwerk Göschenen dient. CKW, die Centralschweizerische Kraftwerke AG, erhielt 1944 die Konzession zur Wasserkraftnutzung der Göscheneralp- und Vorabreuss; der Vertrag gilt bis 2043. In den 1950er-Jahren wurden Sondierungen des Bodens durchgeführt, die rund 100 Einwohner der damaligen Siedlung Göscheneralp in einen tiefer gelegenen Weiler umgesiedelt, die Gebäude samt Kirche rückgebaut und ein Erddamm aufgeschüttet. Dieser ist 155 m hoch, 540 m lang und an der Basis 700 m breit; er besteht aus Opalinuston aus dem Jura und aus Gestein, das in der nahen Umgebung der Baustelle beschafft wurde. Insgesamt wurden 9,3 Mio. m^3 Material verbaut.

1

2

Das entspricht einem Achtel des nutzbaren Speichervolumens von 75 Mio. m^3 Wasser im Stausee, der nun das Landschaftsbild prägt. Der Damm selbst fällt mit seiner Bepflanzung weniger auf als eine nackte Betonmauer.

P1 Staudamm und -see

Der Start und das Ziel unserer Route befindet sich direkt am Nordende des Damms beim Restaurant. Wir überqueren den Damm und erhalten dabei einen Überblick des Stausees aus nächster Nähe. Bei warmem Wetter und wenig Wind lassen sich auf der Dammkrone eventuell Schmetterlinge, Heuschrecken oder andere Insekten beobachten.

Am anderen Ende des Damms steigt der Weg sogleich an und entfernt sich vom Wasser. Am Nordhang befinden wir uns schon über der Waldgrenze; die Vegetation des felsdurchsetzten Geländes ist daher recht niedrig. Die Beweidung mit Ziegen und Schafen trägt

3

Abb. 1: Die aufgestaute Reuss bildet den Göscheneralpsee mit einem Fassungsvermögen von 75 Mio. m^3. Dahinter verzweigt sich das Tal; etwa in der Bildmitte sieht man ins Chelenalptal bis hinauf zum Chelengletscher und der Chelenlücke.

Abb. 2: Ein Moment für Frühaufsteher: Die aufgehende Sonne taucht die Dammakette für wenige Minuten in warmes Licht. Der See und die Dammareuss links liegen noch im Schatten.

Abb. 3: Blick zurück auf den ersten Teil der Route; sie führt über die Staumauer und quer durch den Hang hinauf zur Älprigenplangge.

ebenfalls dazu bei, dass die alpinen Rasen nicht ins Kraut schiessen. Im Bergfrühling blühen hier verschiedene Blumenarten in rascher Folge. Ein einzelner Besuch vermittelt davon jeweils nur eine Momentaufnahme.

P2 Älprigenplangge

Beim Traversieren des Hanges gewinnen wir nach und nach an Höhe. In den Matten wachsen verbreitet Alpenrosen, an feuchteren Stellen teils auch Farne. Auf der Strecke über dem Seeufer begleitet einen ein grandioses Bergpanorama; weiter oben gelangt immer mehr von der Dammakette ins Blickfeld.

P3 Vorfeld des Dammagletschers

Erst im unteren Teil des Abstiegs sieht man den ganzen Felskessel zwischen Lochberg und Dammastock, dem höchsten Urner Gipfel mit 3630 m Höhe. Das Auengebiet umfasst prak-

4

6

5

7

8

Wer gerne in Ruhe die Natur geniesst, kann es sich auf einem Felsblock gemütlich machen und in der näheren Umgebung nach Lebensformen im relativ kargen Geröllfeld suchen. Man wird einige Pflanzenarten entdecken, bei den Tieren muss man aber schon länger und genauer hinschauen. Vielleicht zeigen sich Vögel wie Bergpieper, Steinschmätzer oder sogar Steinrötel; vielleicht sichtet man auch «nur» Insekten oder Spinnen.

tisch das gesamte Gletschervorfeld von den Felsstufen am Dammagletscher bis fast hinunter zum See. Menschen mag die Landschaft ganz unterschiedlich vorkommen; irgendwo zwischen leer und unscheinbar bis spektakulär hochalpin. Für den Erhalt der Biodiversität sind derartige unberührte Lebensräume auf jeden Fall enorm wichtig, da es Vergleichbares in tieferen Lagen infolge der Besiedlung und intensiven Landwirtschaft kaum noch gibt.

Abb. 4: Auf der Älprigenplangge wächst zwischen den mit Flechten überzogenen Felsblöcken ein Farn. Dahinter ragt der Hoch Horenfellistock in den Himmel.

Abb. 5: In der Nähe der Brücke rauscht die Dammareuss in Richtung See hinunter.

Abb. 6: Der Einblick ins Chelenalptal zeigt die typische U-Form durch die Gletschereinwirkung.

Abb. 7: Eine ruhige, schon fast mystische Abendstimmung am oberen Ende des Göscheneralpsees.

Abb. 8: Ein Steinschmätzer bringt Futter für den Nachwuchs zum Nest. Diese Art brütet am Boden.

9

Wer mehr Bewegungsdrang verspürt, kann (ab 2026) nach der Brücke über die Dammareuss einen Abstecher zur fast 500 m höher gelegenen Dammahütte und zurück unternehmen, um von oben eine ganz andere Aussicht zu erleben. Dafür muss man zusätzliche zwei bis drei Stunden rechnen, je nach Fitness.

Die Fortsetzung des Seerundwegs führt gut 200 m nach der Brücke und der Abzweigung bei Punkt 1967 ein kurzes Stück über nackten Fels; an den etwas heikleren Stellen gibt es Ketten zum Festhalten, falls es nass und rutschig sein sollte. Anschliessend geht es langsam hinunter ins Chelenalptal.

P4 Chelenreuss

Nach der Brücke über die Chelenreuss führt der Seerundweg nach rechts vom oberen Seeende zurück zum Staudamm. Alternativ kann man hier links abbiegen und zum Gletschervorfeld weiter oben im Chelenalptal gehen oder ganz hinauf zur Chelenalphütte steigen. Auch dafür sollte man genug Zeit einplanen, falls man nicht in der Hütte übernachtet.

P5 Auf dem Berg

Entlang dem nördlichen Seeufer steigt der Weg erneut merklich an, bis auf rund 160 m über dem (maximalen) Seespiegel. Im oberen Teil durchqueren wir ein Moorgebiet. Vereinzelt stehen Birken und geben der Landschaft einen etwas anderen Charakter als auf der gegenüberliegenden Seeseite. Abschnittsweise besteht der Weg aus einer Reihe von Steinplatten auf dem vernässten Boden.

Beim Abstieg geht der Weg im Zickzack durch felsigeres Gebiet. In einem Moorteich spiegeln sich die Dammakette und der Gletscher – ausser bei Nebel wie im Bild oben.

Abb. 9: Beim Abstieg auf der Nordseite des Sees kommt man an diesem Moortümpel vorbei. In solchen Gewässern entwickeln sich die Larven von Libellen wie z. B. der Alpenmosaikjungfer.

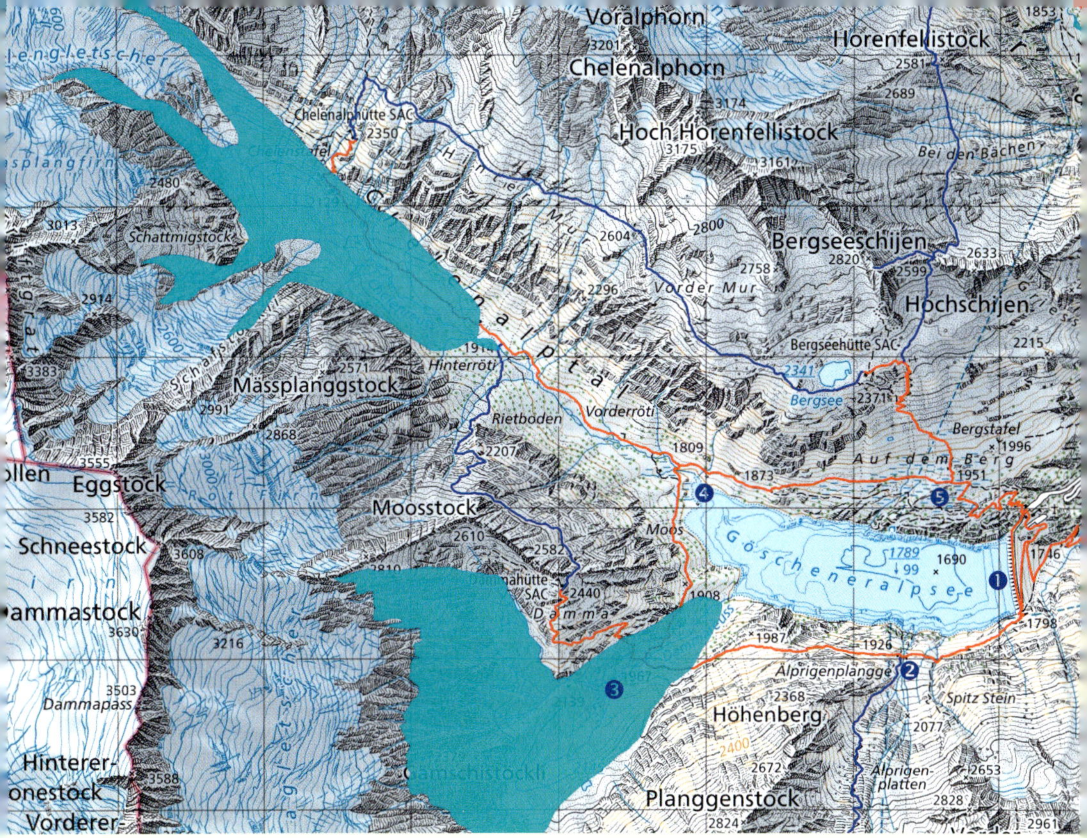

© Abdruck mit freundlicher Genehmigung von swisstopo, www.swisstopo.ch

Infos

KARTENMASSSTAB: 1:50 000

START/ZIEL: Bushaltestelle Göscheneralp, Dammagletscher

STRECKE: 9 km

HÖHENDIFFERENZ: 270 m; total je ca. 500 m Auf- und Abstieg

Schwierigkeitsgrad: T3 – Trittsicherheit erforderlich. Bergtaugliches Schuhwerk und evtl. Wanderstöcke empfohlen.

ZEITBEDARF: reine Marschzeit 3 Std.

VERKEHRSHINWEIS: Parkplatz nahe Staumauer. Die Zufahrtsstrasse kreuzt einen Lawinenzug und ist im Winter gesperrt. Infos über die offenen bzw. gesperrten Abschnitte findet man auf der Website des Kraftwerks (siehe unten).

RAST/VERPFLEGUNG: Berggasthaus Dammagletscher; bei Routenvarianten Chelenalphütte SAC, Dammahütte SAC, Bergseehütte SAC.

VARIANTEN: Die Seeumrundung lässt sich mit einem Abstecher zu einer SAC-Hütte verlängern. Für eine Zweitagestour bietet sich die Chelenalphütte zum Übernachten an, um auch das zweite Auengebiet zu besuchen.

JAHRESZEIT: Juni bis September/Oktober

IM WEB:

- www.tourismus-goeschenen.ch
- www.dammagletscher.ch
- www.kw-goeschenen.ch/news/goscheneralp-strasse
- www. dammahuette.ch (im Sommer 2025 wegen Umbaus geschlossen)
- www.chelenalp.ch
- www.sac-angenstein.ch/huetten/bergsee-huette

Maderanertal

An der Gotthardstrecke zweigt bei Amsteg eine Strasse ins Maderanertal ab. Sie erklimmt zunächst eine steile Stufe, dann erst sieht man in den oberen Teil des Tales, das sich weit hinaufzieht bis zum Hüfifirn am Clariden.

Die besagte Strasse ist ziemlich schmal und, abgestimmt auf den Postauto-Fahrplan, nur in abwechselndem Einbahnverkehr zu befahren. Auch die Gondeln der Golzerenbahn sind eher klein dimensioniert und kaum für Massentourismus ausgelegt. Trotzdem muss sich das Maderanertal nicht verstecken; es ist im BLN eingetragen und zählt für viele, die es kennen, zu den Favoritengebieten. Es bietet Routen von der gemütlichen Familienwanderung bis zu Hochtouren über Gletscher.

Entlang des Chärstelenbachs finden wir drei Auenflächen aus dem Bundesinventar. Um mehr von der grandiosen Landschaft zu sehen, verlaufen Abschnitte unserer Route höher oben der Bergflanke entlang, sodass wir die Auen auch aus der Entfernung überblicken können.

Für eine Tageswanderung kommt auch ohne den Aufstieg zur Hüfihütte eine ordentliche Strecke zusammen, deshalb sparen wir uns mit der Seilbahn einige Höhenmeter Aufstieg und machen dafür einen lohnenden Abstecher zum Golzerensee. Wer mehr Zeit in

Abb. 1: Im mittleren Auengebiet am Chärstelenbach führt der Weg über eine für alpine Auen typische Kies- und Geröllfläche. Hier sehen wir den Sidenbach, der weiter unten in den Chärstelenbach einmündet. Auf der grünen Terrasse mit dem Wolkenschatten, fast rechts aussen am Horizont, befindet sich die in Luftlinie gut 4 km entfernte und fast 1100 m höher gelegene Hüfihütte. Dahinter endet der Hüfifirn, dessen Eis unter anderem am Gross Schärhorn und am Clariden entsteht.

der malerischen Berglandschaft verbringen und höher hinaufsteigen möchte, findet im Maderanertal neben der Hüfihütte noch vier weitere SAC-Hütten: die Windgällen-, Oberbalm-, Cavardiras- und Etzlihütte.

P1 Golzeren

Wir starten möglichst früh am Morgen, damit wir uns die Strecke ohne Hast einteilen können. Die Seilbahn bringt uns schon fast auf den zweithöchsten Punkt unserer Route; von der Bergstation zum Golzerensee beträgt die mittlere Steigung gerade mal knapp 3%. Der idyllische See lockt im Sommer zum Baden. Am Nordostufer gibt es eine Liegewiese und davor ein Floss. Beim Blick von der Wiese talauswärts hat man am Morgen die Sonne im Rücken und eine Postkartenlandschaft mit dem markanten Bristen als Kulisse vor sich. Wir gehen weiter und steigen durch den Wald

2

3

4

5

6

zur Brücke über den Chärstelenbach hinunter. Hier treffen wir auf die unterste der drei Auenflächen. Wir biegen links ab und folgen dem Bach zur Alp Stössi.

P2 Alp Stössi

Ausserhalb des Waldes sieht man stellenweise zum Bach und zu einzelnen, schmalen Kiesbänken hinunter. Bei der Weggabelung halten wir uns links und überqueren die Brücke nach Balmenschachen. An der kleinen Feirenhaussiedlung vorbei steigen wir auf die Balmenegg; dort steht auf der exponierten Kuppe das Hotel Maderanertal, das einst für seine exklusive Lage weitherum bekannt war und das kürzlich umfassend renoviert worden ist.

P3 Balmenegg bis Riedbödmer

Wir steigen durch den Wald weiter hinauf Richtung Butzli. Am Südhang queren wir dann abwechselnd Lichtungen mit blumenreichen Magerwiesen und Zuflüsse des Chärstelenbachs. Auf beiden Talseiten ergiessen sich mehrere Wasserfälle über die Felsen, und von einigen Aussichtspunkten erkennt man im Talboden Teile der mittleren Auenfläche beim Stäuberboden. Rundherum ist praktisch nur unberührte Natur zu erkennen – ein krasser Gegensatz zur vielbefahrenen Gotthardstrecke in nur rund 10 km Entfernung.

Bei Sass nehmen wir die rechte Verzweigung nach Riedbödmer. Bei der Brücke erreichen wir den untersten Zipfel der drit-

Abb. 2: Die Morgensonne hat die letzten Nebelschwaden über dem Golzernsee aufgelöst.

Abb. 3: Der Griessboden liegt etwas oberhalb der beschriebenen Route. Steigt man weiter zur Hüfihütte auf, sieht man diese Auenfläche von oben.

Abb. 4: Ein Teil der Kaskade des Brunnibachs.

Abb. 5: Wildnis pur: Der Chärstelenbach tost durch eine Auenfläche mit viel Geschiebe.

Abb. 6: Am Hang blüht eine Rote Lichtnelke.

7

ten Auenfläche an unserer Route. Es handelt sich dabei um das Gletschervorfeld des Hüfifirns; das Schutzobjekt ist mit 1,84 km^2 erheblich grösser als die tieferen beiden Abschnitte des Chärstelenbachs. Um Einblicke in dieses Gebiet zu erhalten, unternimmt man am besten eine Tour mit Übernachtung auf der Hüfihütte; von dort aus sieht man dann auch den Hüfifirn selbst, der wegen eines Knickes im Tal von unten verdeckt ist.

Unsere Route führt vor der Brücke nach rechts wieder talwärts. Vor dem Abstieg kann man aber wenigstens noch von der Brücke einen Blick in die enge Schlucht werfen, die der Chärstelenbach an dieser Stelle in den Fels geschliffen hat.

P4 Stäuberboden

Wir folgen nun im Wesentlichen dem Bach durch die abwechslungsreiche alpine Landschaft. Dabei durchqueren wir den Stäuberboden, die mittlere Auenfläche. In dem fast ebenen Bereich sind die verschiedenen Sedimentablagerungen gut zu erkennen. In der Kiesfläche und am Bachufer findet man teils frischen Bewuchs mit Pionierpflanzen, teils grössere Pflanzen in einem fortgeschrittenen Stadium der Sukzession.

P5 Rüteli

Weiter unten treffen wir wieder auf die bereits bekannte Alp Stössi mit der unteren Auenfläche. Wir bleiben beim Abstieg auf der linken Talseite, bis wir zum Rüteli auf die rechte Seite wechseln. Der restliche Abstieg verläuft überwiegend durch den Wald; bei Lägni lädt ein liebevoll gestaltetes Restaurant zur Rast.

Abb. 7: Leicht zu übersehen: Am Wegrand liegt eine junge, bleistiftdicke Blindschleiche im Moos.

Abb. 8: Auf der Alp Stössi deuten diese Treicheln auf die Alpwirtschaft hin. Im Laden sind Produkte aus der Alpkäserei erhältlich, und das Alp-Beizli bietet Wandersleuten Getränke und Imbisse an.

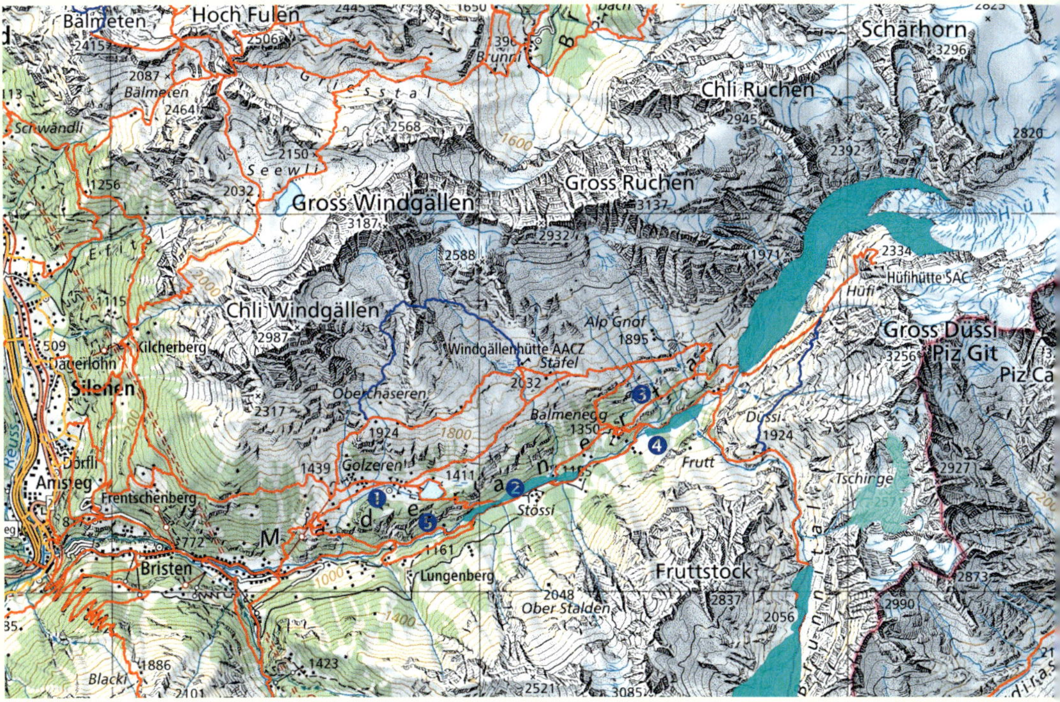

© Abdruck mit freundlicher Genehmigung von swisstopo, www.swisstopo.ch

Infos

KARTENMASSSTAB: 1:100 000

START/ZIEL: Bushaltestelle Bristen, Talstation Golzeren

STRECKE: ca. 16 km

HÖHENDIFFERENZ: 660 m, 500 m ↑, 1060 m ↓

Schwierigkeitsgrad: T2 bis T3 – stellenweise Trittsicherheit erforderlich. Bergschuhe und evtl. Wanderstöcke empfohlen.

ZEITBEDARF: reine Marschzeit 4¾ Std. (zzgl. Fahrt mit Gondelbahn)

VERKEHRSHINWEIS: Parkplätze bei Talstation

RAST/VERPFLEGUNG: Berggasthaus Edelweiss, Gasthaus-Restaurant Golzernsee, Hotel Maderanertal, Alp-Beizli Stössi, Berggasthaus Legni

VARIANTEN: Aufstieg weiter bis zur Hüfihütte (+900 Höhenmeter) mit Übernachtung. Wer mehr Zeit im Maderanertal verbringen möchte, kann auch die Windgällen- und die Cavardirashütte besuchen. Letztere liegt an einem Gletschervorfeld des Aueninventars.

JAHRESZEIT: ca. Mai/Juni bis Oktober

IM WEB:

- www.lsb-golzern.ch
- www.edelweiss-golzern.ch
- www.golzernsee.ch
- www.hotel-maderanertal.ch
- www. gasthauslegni.ch
- www.huefihuette.ch

Kiental und Gamchigletscher

Vom Kandertal an der Lötschbergachse zweigt bei Reichenbach das Kiental ab. Dieses Seitental reicht – ähnlich wie das Maderanertal – bis hinauf ins vergletscherte Hochgebirge und hat landschaftlich eine ganze Menge zu bieten.

Das Kiental beginnt an der Gamchilücke auf 2836 m zwischen dem Gspaltenhorn (3436 m) und dem Blüemlisalphorn (3660 m) bzw. dem in der Kette näheren Morgehorn (3620 m). Südlich der Gamchilücke liegen der Tschingelgletscher und der Kanderfirn, nördlich der Gamchigletscher, dessen Vorfeld wir besuchen werden. Am südwestlichen «Rand» des Kientals befindet sich das Hohtürli auf 2778 m über Meer und, einen kurzen Abstieg davon entfernt, die bekannte Blüemlisalphütte. Die Überquerung des Hohtürli vom Kiental zum Oeschinensee oder umgekehrt zählt wohl mit zu den spektakulärsten unter den klassischen Alpinwanderungen. Wir konzentrieren uns jedoch auf die beiden Auengebiete und bleiben im Kiental. Um diese nahtlos zu erwandern, bietet es sich an, die Strecke auf zwei Tage zu verteilen. So bleibt genug Zeit, die wunderbare Natur zu geniessen.

1

P1 Tschingel

Unser Ausgangspunkt befindet sich knapp unter der Kante einer Hochebene mit dem ersten Auengebiet, dem ehemaligen Tschingelsee. Man kann unterhalb des Restaurants Alpenruhe den Bach überqueren und dem Wanderweg folgen oder direkt der Strasse, auf der ein Teil des Weges ohnehin verläuft. Vom Wanderweg gehen wir über die nächste Brücke zurück auf die Strasse, die ab hier dem Rand einer Schwemmebene mit sehr breit aufgefächerten Wasserläufen folgt. Wäre die Fläche nicht von Wald umgeben, könnte man sich in Island oder Alaska wähnen.

P2 Griesschlucht

Auf der Strasse gehen wir in den Wald und in die Griesschlucht. In der Rechtskurve sieht man von oben auf den Zufluss des Tschingels, und ein paar Schritte weiter gibt es linker Hand einen schmalen Pfad zu einem Aussichtspunkt beim Wasserfall in Bild 3 – ein lohnender, kurzer Abstecher, der für eilige Wanderer leicht zu übersehen ist. Vor einer scharfen Rechtskurve oberhalb des Wasserfalls zweigt der Wanderweg nach links ab und führt über eine Brücke. Nach rund 100 m kann man abermals einen nur geringfügig längeren Abstecher zu einem weiteren imposanten Wasserfall einschieben. Dieser führt über eine Brücke erneut auf die andere Bachseite und dann gleich links dem Bach entlang in eine Sackgasse in der Felsschlucht.

Beim weiteren Aufstieg im Wald passiert man einen Aussichtspunkt, der eine freie Sicht auf den Tschingel aus der Vogelschau bietet. Wir steigen weiter auf zur Pochtenalp und in einem Bogen nach rechts zur Griesalp. Von dort nehmen wir den gelben Weg nach Süden und zweigen im Wald nach rechts auf den roten Weg Richtung Dünde Mittelberg ab. Bis dort gibt es einige Höhenmeter zu überwinden, dann wird der Weg wieder flacher.

2

3

Abb. 1: Der verlandete Tschingelsee bildet eine faszinierende Schwemmebene, die man an einem so zugänglichen Ort neben einer Strasse kaum vermuten würde.

Abb. 2: Beim Aufstieg durch die Griesschlucht zur Griesalp kommt man auf der Pochtenalp an dieser Hotel-Pension vorbei.

Abb. 3: Schon weit unten in der Griesschlucht donnert ein Wasserfall mit ohrenbetäubender Klangkulisse zwischen den Felsen in die Tiefe. Beim Aufstieg folgen bald weitere Wasserfälle.

P3 Bundalp

Leicht ansteigend traversieren wir den Hang und erreichen schliesslich die Obere Bundalp, wo wir vorgängig eine Übernachtung gebucht haben. Bei passendem Wetter kann man hier das Abendessen draussen mit Blick aufs Gspaltenhorn zu sich nehmen.

Am nächsten Morgen setzen wir den Weg nach Südosten fort. Beim Punkt 1881, wo der Aufstieg zum Hohtürli abzweigt, halten wir links in Richtung Sennhütte Läger. Bei Oberloch geht es über eine Felskante wieder ein Stück hinunter; bei Punkt 1968 gehen wir geradeaus weiter und steigen nach der Rinne weiter auf.

4

P4 Gamchigletscher

Das Gelände wird felsiger, und nach einer Geländekante sieht man langsam immer mehr vom Gletschervorfeld. Bald betreten wir eine Art Mondlandschaft, die praktisch nur noch aus Geröll und Felsen besteht. Auf den ersten Blick ist manchmal schwer zu erkennen, wo unter dem Geröll noch Reste von Gletschereis liegen. Zur Gamchilücke hin hat sich der Gletscher sehr weit zurückgezogen; der Seitenast am Nordhang scheint der Sonneneinstrahlung besser zu trotzen. Bild 7 zeigt den Stand von 2019, der leider kaum mehr die aktuelle Situation wiedergibt. In absehbarer Zeit dürfte der Bewuchs in die Höhe vordringen.

5

6

7

8

9

Wir überqueren die Brücke und steigen zum Punkt 2106 auf; dort biegen wir links ab und gehen auf der rechten Talseite hinunter. Die Aussicht ist talwärts wieder grüner.

P5 Schwemmebene Gamchi

Der Abstieg führt durch wechselndes Terrain und ein Stück entlang einer steilen Felswand. Vor der Alphütte Gamchi erreichen wir die in Bild 5 angeschnittene Schwemmebene im

Abb. 4: Das Gspaltenhorn hinter der Bundalp.

Abb. 5: Beim Oberloch rahmt eine Felswand die Schwemmebene Gamchi weiter unten ein.

Abb. 6: Im Gletschervorfeld hat sich der Gamchibach tief in den Fels geschnitten.

Abb. 7: In den 1980er-Jahren führte der Weg am Fotostandort noch über eine mächtige Eisschicht.

Abb. 8: Selbst auf dem nackten Geröll können sich Pflanzen ansiedeln.

Abb. 9: Blick über die Schwemmebene talwärts.

blattförmigen unteren Teil des Auenschutzgebietes. Hinter der Alp verengt sich das Tal zu einer felsigen Schlucht (Bild 10). Dort wachsen auch wieder verstreut Bäume und etwas weiter unten Wald.

P6 Bundstäg–Griesalp

Bei Punkt 1488 (Bundstäg) zweigen wir links ab und wechseln über die Brücke auf die linke Talseite. Nach gut 1 km sind wir am Ziel.

Abb. 10: Beim Abstieg führt der Weg durch diese enge Schlucht unterhalb des Auengebietes.

Abb. 11: Weiter unten blühen in der Krautschicht des Waldes auch Orchideen.

Abb. 12: Hier hat sich ein Ameisenstaat ein imposantes Nest gebaut, indem die Ameisen unermüdlich Tannennadeln, Halm- und Zweigstückchen zu einem Haufen aufgeschichtet haben.

Abb. 13: Auf der Griesalp stehen Busse bereit für die Fahrt zurück nach Reichenbach. Der Abschnitt durch die Griesschlucht ist mit 28 % Gefälle bzw. Steigung die steilste Postautostrecke.

© Abdruck mit freundlicher Genehmigung von swisstopo, www.swisstopo.ch

Infos

KARTENMASSSTAB: 1:50 000

START/ZIEL: Bushaltestelle Kiental, Restaurant Alpenruhe / Bushaltestelle Griesalp, Kurhaus

STRECKE: 1. Tag: Alpenruhe–Obere Bundalp 7 km; 2. Tag: Obere Bundalp–Griesalp 10 km

HÖHENDIFFERENZ: 1. Tag: ca. 700 m; 750 m ↑ und 50 m ↓; 2. Tag: 700 m; 510 m ↑, 940 m ↓

Schwierigkeitsgrad: T3 – Trittsicherheit erforderlich. Bergschuhe u. Wanderstöcke empf.

ZEITBEDARF: reine Marschzeit 1. Tag 2¾ Std., 2. Tag 3½ Std.

AUTO: Parkplätze am Waldrand beim Tschingel

RAST/VERPFLEGUNG: Rest. Alpenruhe, Pochtenalp, Griesalp, Bundalp, Gamchi

VARIANTE: Für Fitte als Tagestour möglich.

JAHRESZEIT: ca. Juni/Juli bis Oktober

IM WEB:

- www.bundalp.ch
- www.adelboden-lenk-kandersteg.ch

Gasterntal

Südlich von Kandersteg kommt die Kander ganz verstohlen aus der Klus um die Ecke geflossen. Sie entspringt im Kanderfirn und durchströmt das Gasterntal nach Westen, bevor sie unterhalb der Schlucht nach Norden umschwenkt.

Das malerische Gasterntal liegt ziemlich verborgen zwischen hohen Bergen. In der Kette, die es im Norden begrenzt, heissen die höchsten Gipfel Doldenhorn (3639 m), Blüemlisalphorn (3660 m) und Morgehorn (3620 m); im Süden – an der Kantonsgrenze zum Wallis – ragen insbesondere das Balmhorn (3697 m) und das Tschingelhorn (3555 m) heraus. Der Tschingelpass (2764 m) zwischen der Gamchilücke und dem Mutthorn bildet die Wasserscheide zum Lauterbrunnental, das sich nach Norden Richtung Interlaken erstreckt.

Das obere Gasterntal, vom Vorfeld des Kanderfirns an aufwärts, sowie die ganze nördliche Talflanke gehören zum Unesco-Welterbe Jungfrau–Aletsch–Bietschhorn.

Die hier vorgeschlagene Route ist für eine Tageswanderung bemessen, lässt sich aber auch vielseitig verlängern, falls man im Gebiet übernachtet. Der Bus im Gasterntal bietet ein beschränktes Platzangebot, daher ist die telefonische Reservation obligatorisch. Wer mit dem Auto anreist und ins Gasterntal hinauffahren möchte, muss eine Gebühr von 15 Franken pro Tag entrichten (Parkieren im Gasterntal inbegriffen) und sich an allen Tagen rund um die Uhr an die Zeiten für den Einbahnverkehr in der Klus halten. Auf der Felsengalerie und in den Tunnels ist kein Kreuzen möglich. Vor der Klus besteht auf dem Parkplatz Bären die Möglichkeit, für einen Fünfliber pro Tag zu parken und die Gebühr mit der App PayByPhone zu bezahlen.

P1 Klus

Die Schlucht am Talausgang stellt ein landschaftliches Highlight dar. Daher beginnen wir die Wanderung bei der Talstation der Luftseilbahn Kandersteg–Sunnbüel, die uns in einem anderen Kapitel übrigens zum Gemmiweg bringt. Dieses Mal beginnt der Weg hier zu Fuss. Wir folgen der Kander nach Süden bergauf zwischen den Felsen. Im oberen Teil der Klus wechseln wir vom Fahrweg über die Fussgängerbrücke zum Westufer der Kander und folgen dem gelben Weg zum Waldhaus

Abb. 1: In den felsigen Talflanken des Gasterntals gibt es etliche Wasserfälle. Einzelne ergiessen sich aus Höhlen in der Felswand.

Abb. 2: Die Kander stürzt mit enormem Getöse durch ein steiles Engnis in der Klus. Daneben schlängelt sich der schmale Wanderweg im Zickzack hinauf; die gebührenpflichtige Strasse verläuft durch enge Tunnels im Fels und lässt sich nur abwechselnd im Einbahnverkehr befahren.

2

und wieder zurück ans Ufer der Kander, die in der weiten Ebene mehr Platz einnimmt.

P2 Gastereholz

Hier in der Auenfläche hat der Fluss Kiesbänke aufgeschüttet. Im Wald und auf den Lichtungen entlang des Weges gibt es da und dort feuchte Stellen, auf denen entsprechende Auenpflanzen wachsen. Dieses Gebiet ist auch bekannt für die teils recht üppigen Bestände des Frauenschuhs, der im Juni mit seinen grossen, auffälligen Blüten die Aufmerksamkeit auf sich zieht.

P3 Wildwasser

Bei Punkt 1369 führt der Weg wieder in den Wald und nach knapp 300 m über eine Brücke ans Nordufer der Kander. Hier hat der Fluss etwas mehr Gefälle, und schon wird aus der ruhigen Strömung im breiten Bett ein Sprudeln und Schäumen zwischen Felsblöcken. Bei

4

3

Punkt 1395 überqueren wir eine Brücke zum Südufer. Beim weiteren Aufstieg entfernt sich der Weg im Wald von der Kander. Das Tal wird bei Punkt 1432 enger; dort wechselt der Weg wieder ans Nordufer und steigt steiler an.

P4 Groppi und Selden

Vor Bletscheweidli zweigen wir rechts auf den roten Weg ab, der uns näher an die massiven Blockschuttablagerungen der nächsten Auenfläche bringt. Über die Hängebrücke gelangen wir beim Hotel Steinbock zurück auf die Strasse und den gelben Weg.

P5 Heimritz

Ab Punkt 1562 bleiben wir am Nordufer, passieren Heimritz und steigen weiter auf bis Punkt 1726. Dort gehen wir über die Brücke ans Südufer und folgen dem Weg auf dieser Seite hinab bis zur Brücke nach Selden.

Abb. 3: Hinter dem Kieswall des Flussufers, der links ein wenig aufblitzt, steht hier eine Fläche mit abgelagertem, feinem Sediment unter Wasser.

Abb. 4: Im lockeren Wald findet man allerlei Pflanzenarten, darunter auch Orchideen wie den Frauenschuh. Diese Art blüht gewöhnlich im Juni; im Juli folgt dann der Türkenbund, eine Lilienart.

Abb. 5: Die Kander hat in der breiten, fast ebenen Auenfläche viel Platz und deponiert dort Geschiebe in Form von Kiesbänken.

Abb. 6: Ein engerer Flussabschnitt mit mehr Gefälle und Hindernissen zeigt sich als Wildwasser.

7

8

9

Abb. 7: Bei Selden ist das Flussbett mit grobem Geröll gefüllt. In der Bildmitte hinten überspannt eine Hängebrücke diese «XXL-Kiesbank».

Abb. 8: Die Thermik verwirbelt Wolkenfetzen, die sich an schroffen Felszinnen verfangen haben.

Abb. 9: Diese Brücke bei P5 ist nahe am höchsten Punkt unserer Route. Oben rechts im Foto erahnt man den Weg weiter hinauf zum Kanderfirn.

Abb. 10: Die Trollblume wächst an sumpfigen Stellen. Solche sind durch das Verschwinden vieler Feuchtgebiete seltener geworden und mit ihnen auch diese und weitere Pflanzenarten.

10

© Abdruck mit freundlicher Genehmigung von swisstopo, www.swisstopo.ch

Infos

KARTENMASSSTAB: 1:50 000

START/ZIEL: Bushaltestelle Kandersteg, Talstation Sunnbüel / Selden, Hotel Gasterntal

STRECKE: 14 km

HÖHENDIFFERENZ: 530 m; 700 m ↑, 350 m ↓

Schwierigkeitsgrad: T2/T3 – Trittsicherheit erforderl., Bergschuhe u. Wanderstöcke empf.

ZEITBEDARF: reine Marschzeit 4¼ Std.

AUTO: Parkplätze bei Talstation oder in Selden

RAST/VERPFLEGUNG: Hotel Waldhaus, Berggasthäuser Steinbock, Gasterntal und Heimritz

VARIANTEN: Verlängerung bis Nähe Kanderfirn; Hüttentour über den Lötschenpass ins Wallis.

JAHRESZEIT: ca. Juni bis September/Oktober

IM WEB:

- www.gasterntal.ch
- www.steinbock-gasterntal.ch
- www.berghotel-gasterntal.ch
- www.heimritz.ch

Bächlital

In der Grimselregion ziehen die steile Gelmerbahn und der Gelmersee eine Menge Touristen an. Etwas weiter oben, auf der gegenüberliegenden Talseite, finden wir das nicht ganz so überlaufene Bächlital mit der Aue Bächlisboden.

Der Bächlisboden ist Teil des Bundesinventars der Auengebiete von nationaler Bedeutung, zudem gehört er auch zum östlichsten Zipfel des UNESCO-Weltnaturerbes Jungfrau–Aletsch–Bietschhorn.

Der Räterichsbodensee ist der unterste von mehreren Stauseen, deren Einzugsgebiet zu den Gletschern des Grimselgebiets hinaufreicht, namentlich dem Unteraar- und dem Oberaargletscher. Hier entspringt die Aare.

Im Bächlital befindet sich zwar kein grosser Stausee, jedoch wird es auch ein wenig von der Wasserkraftnutzung tangiert: Unterhalb der Bächlitalhütte ergiesst sich mal mehr, mal weniger Wasser aus dem Berg. Dort mündet ein Wasserstollen, der nach Norden bis zum Arlenbach beim Abfluss des Gröebeseewlis reicht; beide Enden des Stollens liegen ungefähr auf gleicher Höhe über Meer. Weiter gibt es am Bächlisee beim Abfluss des Bäch-

2

lisbodens zwei kleine Staumauern und einen weiteren Wasserstollen, der vom Bächlisee zum Grimselsee führt. Dieser Stollen scheint ebenfalls ein sehr geringes Gefälle zu haben und dient wohl als Überlauf, um einen Teil des Wassers in den Grimselsee umzuleiten.

Die total acht Speicherseen der Kraftwerke Oberhasli AG (KWO) sind untereinander und mit den Kraftwerken durch ein weit verzweigtes Netz von Stollen und Schächten im Berg verbunden. Deren Gesamtlänge beträgt 160 km, davon dienen 125 km als Wasserleitungen. Der Einstau und die zeitlich versetzte Nutzung von bis zu Hunderten Millionen Kubikmeter Schmelz- und Regenwasser für die Stromerzeugung verändern das natürliche Abflussregime sowie die Restwassermengen im Aaretal stark; das ist zusammen mit den landschaftlichen Auswirkungen ein Thema bei den geplanten Ausbauprojekten.

3

Abb. 1: Beim Aufstieg sieht man zum Gelmersee hinüber. Die Rinne rechts dahinter führt hinauf zur Gelmerhütte SAC und zu einem Gletschervorfeld aus dem Aueninventar. Die Gletscher an der Südwestflanke des Diechterhoren (3388 m) sind schon praktisch ganz verschwunden. Dahinter im Nordosten liegt der Rest des Triftgletschers. In dessen Tal planen die KWO einen neuen Stausee.

Abb. 2: Ein junges Grasfröschchen sitzt auf einer mit Landkartenflechte bewachsenen Steinplatte.

Abb. 3: Blick hinunter zum Räterichsbodensee mit der Staumauer, dahinter die Passstrasse.

P1 Bächlisbach

Von der Passstrasse her überqueren wir die Staumauer des Räterichbodensees. Dabei sehen wir vor uns im Hang ein kleines Tobel, durch das der Bächlisbach fliesst. Diesem werden wir hinauf bis zur SAC-Hütte in der Nähe des Gletschers folgen.

Schon auf der Mauerkrone der Staumauer gibt es ein botanisches Merkmal der felsigen Region zu entdecken: Die orangen Flecken auf dem steinernen Geländer sind Flechten. Genauer handelt es sich in diesem Fall um die Zierliche Gelbflechte. Auf der Website der Bächlitalhütte kann man den Flyer zum Flechtenpfad herunterladen und mehr über diese besondere Lebensform erfahren. Hier nur so viel: Flechten sind Schlauchpilze, die jeweils in Symbiose mit einer Algenart leben. Eine Flechte wächst im kalten Gebirgsklima meist weniger als einen Millimeter pro Jahr,

kann dafür aber weit über tausend Jahre alt werden; in Grönland fand man sogar 4000 Jahre alte Exemplare. Flechten nehmen bei Nässe viel Wasser auf und machen dann die Felsoberfläche glitschig.

Der Aufstieg geht treppenstufenartig recht steil hinauf, vorbei an Granitfelsen – überzogen mit einer für Silikatgestein typischen Flechtenart, der hell grünlichgelben, schwarz umrandeten Landkartenflechte.

5

4

6

7

Abb. 4: Der Bächlisbach als Rinnsal durch grobkörnigen Sand erzeugt an diesem Septembertag ein bisschen Strandfeeling auf über 2100 m.

Abb. 5: Weiter unten, beim steilen Aufstieg neben dem Tobel, deutet noch nichts auf die flache und breitere Geländeterrasse von Bild 4 hin.

Abb. 6: Nach einer weiteren Stufe öffnet sich der Blick noch stärker, und weit hinten erscheint die Bächlitalhütte (samt Wasserstollen) im Blickfeld.

Abb. 7: Der Weg zur Hütte führt direkt am Rand der Schwemmebene des Bächlisbodens entlang, bevor er zum Felspodest der Hütte ansteigt.

P2 Bächlisboden

Kurz bevor wir die Kante einer Geländestufe erreichen, bietet eine kleine Kuppe am Weg nochmal eine gute Aussicht ins Aaretal hinunter. Etwas weiter oben flacht der Weg abrupt ab, und man sieht erstmals weiter nach hinten, wo man die Lage des Hochtals erahnen kann. Der Bächlisbach bildet hier in einer geschützten Rinne eine malerische kleine Schwemmebene mit feinerem Sedimentmaterial. Nun fehlen nur noch wenige Höhenmeter, bis wir das gut einen Kilometer lange Auenschutzgebiet Bächlisboden erreichen. Es geht ein paar Schritte hinunter in die Ebene, dann überblicken wir das Hochtal mit der Bächlitalhütte sowie dem Bächlistock und dem Gross Diamantstock im Hintergrund.

P3 Bächlitalhütte SAC

Wir folgen dem Weg am Rand der Schwemmebene und treffen dabei ab und zu auf Verzweigungen des Bächlisbachs. Am hinteren Ende der Ebene beginnt wieder eine Steigung, und der Bach sprudelt zwischen den Felsblöcken. In der steilen Linkskurve vor der Hütte kann man erkennen, wie sich ein kleiner Wasserfall aus dem Stollenende ergiesst.

Von der Terrasse der Hütte geniesst man eine schöne Aussicht auf den Bächlisboden und hinauf in Richtung Gletscher. Wer möchte, kann das Vorfeld auf einem Pfad noch weiter hinauf erkunden. Beim Felsturm unterhalb der Hütte gibt es eine Abzweigung für einen kurzen Abstecher zu einem Seelein am Läckigang. Zurück zur Grimselstrasse steigen wir auf dem gleichen Weg wieder ab.

P4 Räterichsbodensee und Flachmoor Chessibidmer

Für eine längere Routenvariante bietet sich der Uferweg am Räterichsbodensee an. Die Felswand erhält bis etwa Mittag Sonne.

© Abdruck mit freundlicher Genehmigung von swisstopo, www.swisstopo.ch

Infos

KARTENMASSSTAB: 1:50 000

START/ZIEL: Bushaltestelle Räterichsboden

STRECKE: ca. 9 km

HÖHENDIFFERENZ: 600 m, 680 m ↑, 700 m ↓

Schwierigkeitsgrad: T2 bis T3 – stellenweise Trittsicherheit erforderlich. Bergschuhe und evtl. Wanderstöcke empfohlen.

ZEITBEDARF: reine Marschzeit 3¾ Std.

VERKEHRSHINWEIS: Es gibt einige Parkplätze bei der Staumauer.

RAST/VERPFLEGUNG: Kiosk bei Haltestelle Räterichsboden (talwärts, einige Hundert Meter von der Staumauer und der Haltestelle bergwärts entfernt), Bächlitalhütte, Restaurant und Hotel Grimsel Hospiz.

Abb. 8: Vor der Bächlitalhütte kann man gemütlich die Sonne geniessen – und eine Erfrischung oder Stärkung aus der Küche.

VARIANTEN: Von der Bächlitalhütte kann man noch gut 1 km weiter in Richtung Bächligletscher gehen; der Pfad endet an einem Blockfelsenfeld unterhalb der Gletscherzunge.
Am anderen Ende der Route lässt sich der Start oder das Ziel bergwärts des Räterichsbodensees verlegen: wahlweise zur Haltestelle Grimsel, Summerloch oder Grimsel, Hospiz.
Wer im Grimsel Hospiz übernachtet, kann ein bis zwei Tage für eine zusätzliche Wanderung von der Staumauer am Grimselsee zur Lauteraarhütte SAC und zurück vormerken. Hinter dem Grimselsee liegt (noch) ein malerisches Gletschervorfeld, das nach der geplanten Erhöhung der Staumauern wohl geflutet wird.

JAHRESZEIT: ca. Juni bis September/Oktober

IM WEB:

- www.sac-albis.ch/huetten/baechlitalhuette (siehe auch Flyer zum Flechtenweg, PDF)
- www.grimselwelt.ch
- www.grimselstrom.ch

In diesem Gletschersee vermischen sich das Türkis des Wassers, die gräulichen Farben der Sedimente und die herbstlichen Töne des Pflanzenbewuchses zu einer Farbpalette wie in einer Kreuzung aus Karibikstrand und isländischer Tundra.

Gemmiweg und Lämmerenboden

Ein traditioneller Saumweg vom Berner Oberland ins Wallis und umgekehrt führte über den Gemmipass. Heute erleichtern Luftseilbahnen ab Kandersteg und Leukerbad den Zugang zum Gemmiweg und den alpinen Auen im Hochtal.

1

Die Region Gemmi liegt im Naturpark Pfyn-Finges. Dieser reicht von den Rhone-Auen im Talgrund und dem benachbarten Bergsturzgebiet Pfynwald im Illgraben nach Süden das Turtmanntal hinauf bis zum Bishorn und nach Norden bis zum Balmhorn und zum Wildstrubel. Die riesige Spannweite der Höhenstufen von rund 500 m bis über 4000 m beschert diesem Naturpark eine besonders grosse Vielfalt an Lebensräumen und Arten, zumal sich im Wallis auch noch die Vorkommen mediterraner und mitteleuropäischer Pflanzen- und Tierarten überschneiden.

Der Gemmipass und der Lämmerenboden bis etwas weiter als zur Lämmerenhütte sind gleichzeitig auch Teil eines eidgenössischen

Abb. 1: Eisiger Wind hat den Schnee auf dem Gemmipass verweht. Dahinter liegt das Torrenthorn und an dessen Fuss Leukerbad.

Abb. 2: Im Sommer lassen sich mit etwas Glück Murmeltiere beobachten.

Jagdbanngebietes rund ums Daubenhorn und oberhalb von Leukerbad bis zum Balmhorn. Hier sind Velofahren, Camping und Drohnen verboten, und für Hunde gilt Leinenpflicht (in der Lämmerenhütte sind gar keine Hunde zugelassen). Dies verhilft dem Wild trotz des häufig recht grossen Ansturms von Touristen zu ein wenig mehr Ruhe als andernorts. Es ist zwar möglich, aber keinesfalls selbstverständlich, an einem einzigen Tag alle in diesem Kapitel gezeigten Tierarten plus weitere wie Kolkrabe, Alpensteinbock, Alpenschneehuhn oder sogar Alpenkrähe, Gänsegeier und Schlangenadler zu sehen. Die Fotos sind an etlichen Ansitztagen über mehrere Jahre entstanden. Durch die Webcam sieht man insbesondere an sonnigen Winterwochenenden zuweilen Dutzende von Fotografen hinter der Bergstation der Gemmibahn an der Felskante stehen und sich in der Hoffnung auf Bilder vom Bartgeier den Hintern abfrieren. Der Erfolg schwankt stark: Manchmal kommt tagelang kein einziger Bartgeier vorbeigeflogen, ein andermal sorgen wiederholte Anflüge über die Köpfe der Wartenden für helle Aufregung. Es ist schon ein besonderes Erlebnis, einen Bartgeier mit etwa 2,8 m Flügelspannweite aus vielleicht nur 20 m Entfernung, ruhig, ohne einen Flügelschlag, vorbeigleiten zu sehen. Speziell ist auch das Brutverhalten dieses Vogels, der sich fast ausschliesslich von Knochen ernährt. Bartgeier legen ihre ein bis zwei Eier nämlich im Januar oder Februar, den kältesten Monaten des Jahres. Nach 55 bis 60 Tagen Brutzeit schlüpft das Küken; bis es fliegen kann, dauert es ungefähr weitere 15 Wochen. Die frühe Brut hat den Vorteil, dass die Fütterungsphase in die Zeit der Schneeschmelze fällt: Dann ist das Nahrungsangebot am grössten, weil das Tauwetter nach und nach die Kadaver von Bergwild freigibt, das in Lawinen umgekommen ist oder den

2

Winter infolge Futtermangels oder Altersschwäche nicht überlebt hat.

Der Bartgeier war einst – aus Unkenntnis seiner Lebensweise – als Lämmergeier verschrien und im Alpenraum ausgerottet worden. Dank der ziemlich erfolgreichen Wiederansiedlung gibt es inzwischen wieder etwa 30 Brutpaare in der Schweiz, die meisten im Kanton Graubünden, wo am 5. Juni 1991 die ersten Jungvögel im Nationalpark freigelassen wurden. Im Wallis, übrigens nicht in der unmittelbaren Umgebung des Gemmipasses, gibt es inzwischen die zweitmeisten Bruten. Trotzdem gilt die Art auf der Roten Liste der Schweiz weiter als vom Aussterben bedroht. In den Alpen gibt es heute um 350 Bartgeier.

P1 Spittelmatte

Von Kandersteg bringt uns die Luftseilbahn auf den Sunnbüel. Aus der Gondel sieht man

3

5

4

zurück ins Kandertal und ein wenig in den Ausgang des Gasterntals, das der Oberlauf der Kander durchfliesst.

Vom Sunnbüel gehen wir eben durch den Wald und gelangen dann leicht abfallend auf eine offene Hochebene, die Spittelmatte. Hier weiden im Sommer Rinder; im Herbst und Winter bietet die Landschaft hingegen Natur pur. Im hinterem Teil der Ebene befinden sich ein Auengebiet und ein Waldreservat. Wo der Weg den Rand der Auenfläche erreicht, zweigt ein Pfad ab. Wer möchte, kann hier einen kurzen Abstecher zur Brücke über den Schwarzbach machen, dessen Kiesbett sich beidseits der Brücke verbreitert (Bild 4). Weiter südlich beschränkt ein Damm zunächst die Sicht auf den Geröllkegel. Der Damm endet am Waldrand; dort kann man vom Weg aus das breite, steinige «Delta» des Schwarzbachs besser überblicken.

P2 Arvenwald

Die beiden Teile des Waldreservats sind unterschiedlich alt: Das Alter der Bäume im Sagiwald wird auf bis zu 300–600 Jahre geschätzt, während die dicksten Stämme im Arvenwald auf ein Bestandesalter von 200–300 Jahren schliessen lassen. Die dominierende Baumart ist die Arve, zahlreich findet man auch

Abb. 3: Ein Bach in der Hochebene Spittelmatte zwischen Sunnbüel und Arvenwald; im Hintergrund weist der Üschenegrat in Richtung Gemmi.

Abb. 4: Der Schwarzbach fliesst durch den Einschnitt hinter dem Wald ins Gasterntal.

Abb. 5: Vom Schwarzgletscher gespeist, hat der Bach unterhalb des Sagiwaldes ein «Gerölldelta» von beachtlicher Grösse aufgeschüttet.

Abb. 6: Ein Schwarm Schneesperlinge hebt sich vom Himmel besser ab als von Schnee und Geröll.

Abb. 7: Vom Gemmipass aus überblickt man nach Süden und Osten ein Streifgebiet von Bartgeiern.

Abb. 8: Der Gemmiweg ist auch als Winterwanderweg begehbar. Hier liegt im Dezember erst wenig Schnee; die Sonnenseite ist teilweise aper.

9

Vogelbeere und Bergföhre, Fichte und Tanne nur vereinzelt. Im Gebiet leben viele Tannenhäher und eine wohl erheblich kleinere Population von Birkhühnern.

Der Weg kreuzt die Grenze zwischen den Kantonen Bern und Wallis, steigt dann deutlich an und bietet bald mehr Übersicht über die Hochebene, bevor sich das Tal verengt. In der Schlucht zwischen der Wyssi Flue und dem Chli Rinderhorn treffen wir auf das Hotel

10

Abb. 9: Ein Steinadler; die weissen Felder an den Flügelunterseiten weisen ihn als jugendlich aus.

Abb. 10: Die Alpenbraunelle sucht Futter.

Abb. 11: Zwischen Wyssi Flue und Balmhorn überschreiten wir die Kantonsgrenze BE–VS.

Abb. 12: Lämmerenboden, in der Mitte hinten der Wildstrubel samt Gletscher, und über dem fingerförmigen Schatten steht die Lämmerenhütte.

Abb. 13: Alpendohlen nähern sich oft neugierig.

Abb. 14: Beim Warten auf Bartgeier sind als «Beifang» manchmal Gämsen oder Steinwild zu sehen.

11

Schwarenbach mit seiner einladenden, südexponierten Sonnenterrasse.

P3 Daubensee

Wir bleiben auf dem gelb eingezeichneten Wanderweg und steigen weiter auf zum Daubensee, der ein breiteres Hochplateau zum Teil ausfüllt. Hinter dem See erhebt sich das Daubenhorn, und links davon, am Fuss der Plattenhörner, ragen die Bauten am Gemmipass knapp über den Horizont. Dem Ostufer entlang führt der Weg mit ziemlich konstanter leichter Steigung zum Pass.

P4 Gemmipass

Vor dem Abendessen und der Übernachtung in der Gemmi Lodge bleibt hoffentlich noch einige Zeit, das Panorama mit etlichen Viertausendern zu bewundern – einschliesslich Mont Blanc, dem höchsten Gipfel der Alpen.

12

13

14

15

Um Vögel zu beobachten, postiert man sich wahlweise auf der Terrasse oder hinter der Bergstation. Wer für eine noch bessere Übersicht höher hinauf möchte, kann im Sommer auf dem gestrichelten schwarzen Pfad zum Gipfelkreuz bei Punkt 2639 hinaufsteigen. Doch aufgepasst: Der Weg ist ziemlich steil und hat einige exponierte Stellen, für die man schwindelfrei sein muss. Dafür sind die Tiefblicke richtig spektakulär.

16

P5 Lämmerenboden

Am nächsten Morgen gehen wir zunächst ein Stück hinunter zum eigentlichen Gemmipass. Dort halten wir nach Westen und erreichen durch einen geraden Tunnel den Jägerboden mit einem hübschen Wasserfall. Eine kleine Stufe höher beginnt der Lämmerenboden, eine ausgedehnte Schwemmebene. Wir durchwandern sie und gehen über die Brücke.

P6 Lämmerenhütte

Bei Punkt 2313 beginnt der Aufstieg zur Lämmerenhütte: zuerst im Zickzack, in einem Bogen um den Wasserfall herum, und dann parallel zum Bach, bis wir das Plateau mit der Hütte und einem kleinen See erreichen. Hier lassen sich die Aussicht und die Ruhe in den Bergen geniessen. Nach dem Abstieg zweigen wir bei Punkt 2313 links ab und gehen via Lämmerensee am Nordrand der Ebene zurück zur Bergstation der Gemmibahn.

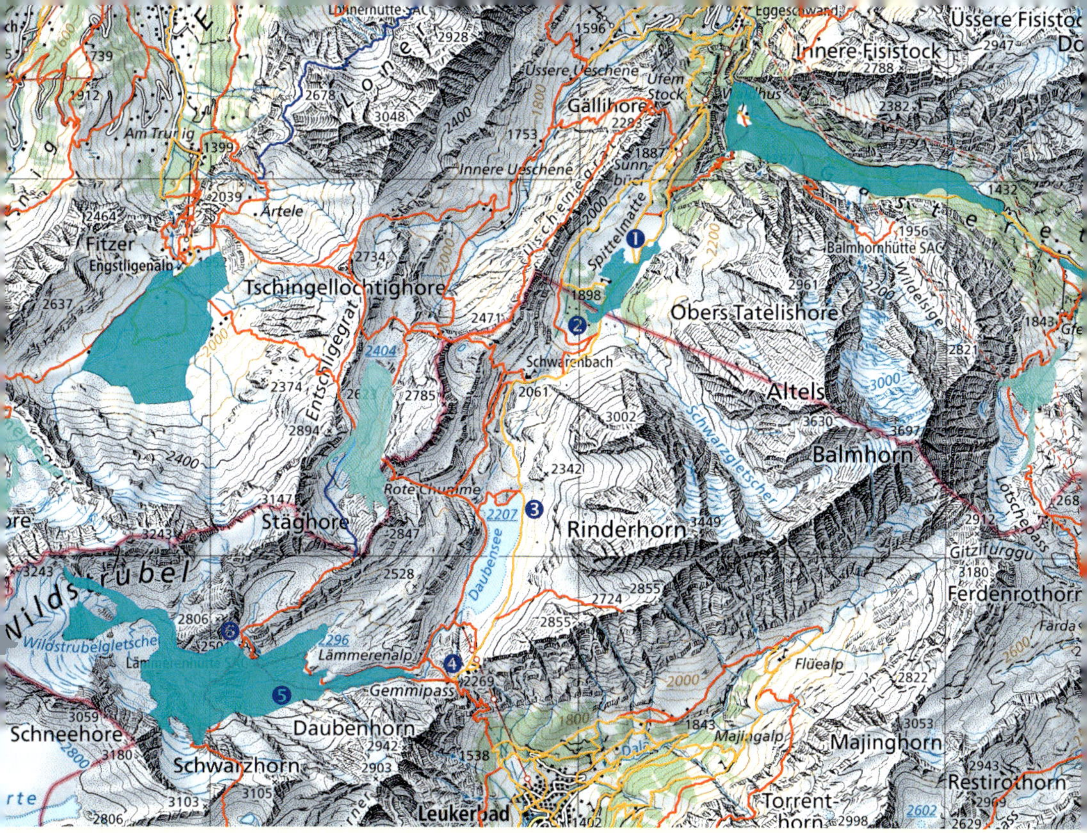

© Abdruck mit freundlicher Genehmigung von swisstopo, www.swisstopo.ch

Infos

KARTENMASSSTAB: 1:100 000

START/ZIEL: Bergstation LSB Sunnbüel / Bergstation Gemmibahn

STRECKE: 1. Tag: 9 km, 2. Tag: 9 km

HÖHENDIFFERENZ: 1. Tag: 450 m, 520 m ↑, 140 m ↓; 2. Tag: 250 m, 360 m ↑, 360 m ↓

Schwierigkeitsgrad: T2/T3 – Trittsicherheit erforderlich, Bergschuhe u. Wanderstöcke empfohlen (Zustieg Lämmerenhütte ist leicht ausgesetzt – Vorsicht bei Eis, Schnee oder Nässe).

ZEITBEDARF: reine Marschzeit 1. Tag: 2¾ Std., 2. Tag: 2¾ Std.

RAST/VERPFLEGUNG: Sunnbüel, Hotel Schwarenbach, Gemmi Lodge, Lämmerenhütte SAC.

VARIANTE: Wahlweise den anspruchsvolleren Weg am Westufer des Daubensees nehmen; er führt nahe an den Schlickflächen vorbei. Aufstieg zu Fuss ab Kandersteg oder Leukerbad möglich (Abstieg ohne Ortskenntnis wegen steiler, ausgesetzter Passagen wenig ratsam).

JAHRESZEIT: ca. Juni bis Oktober; Gemmiweg auch von Dezember bis April, wenn offen.

VERKEHRSHINWEIS: Parkplätze in Kandersteg oder Leukerbad; Rückfahrt mit ÖV via Lötschbergtunnel. Dafür gibt es an den Schaltern ein Rundreiseticket für alle Bergbahnen, Busse und Züge zwischen Sunnbüel und Gemmipass.

IM WEB:

- www.sunnbuel.ch
- www.schwarenbach.ch
- www.gemmi.ch
- www.laemmerenhuette.ch
- www.pfyn-finges.ch
- www.bartgeier.ch

Abb. 15: Die Lämmerenhütte steht auf einem Felspodest mit Panoramablick. Hinten ragt die markante Pyramide des Rinderhorns in den Himmel, rechts auf halber Bildhöhe stehen die Gebäude auf dem Gemmipass.

Abb. 16: Ende Oktober liegt der Lämmerenboden tagsüber lange im Schatten; nachts wird es klirrend kalt, und das Wasser beginnt zu gefrieren.

Jegital/Lötschental

Das Lötschental zählt zu den bekanntesten Seitentälern des Walliser Rhonetals – erst recht seit dem Bergsturz auf das Dorf Blatten Ende Mai 2025. Von der Lötschenlücke fliesst das Eis des Langgletschers herab und speist die Lonza.

Die Vorfelder des Langgletschers und des Jegigletschers bilden zusammen ein alpines Auengebiet und das Ziel unserer Wanderung. Die Wegstrecke liegt fast von Anfang an im Unesco-Welterbe Jungfrau–Aletsch–Bietschhorn. Letzteres ist sozusagen das Wahrzeichen im Süden des Lötschentals; das Bietschhorn erreicht 3934 m und ist von weitherum als freistehender Gipfel in der Kette sichtbar. Es wird im näheren Umfeld nur vom Aletschhorn (4194 m) östlich der Lötschenlücke überragt. Auf der Nordostseite der Lötschenlücke befindet sich der Grosse Aletschfirn und im Norden die Jungfrau (4159 m), der höchste Gipfel der Kette am Nordrand des Lötschentals und an der Kantonsgrenze Wallis/Bern.

Der oberste Teil des Lötschentals ist im Bergfrühling ein Blumenparadies. Im Sommer wird es trotz der Höhe tagsüber ziemlich warm. Das behagt zahlreichen Insekten-

arten, die man hier beobachten kann. Auch das Bergwild ist mit Murmeltier, Steinbock, Gämse und weiteren Arten vertreten.

P1 Lonza

Schon das letzte Stück der Anfahrt – sobald die Fafleralp wieder zugänglich gemacht worden ist – vermittelt uns einen ersten Eindruck von der grossartigen Gebirgslandschaft ganz oben im Lötschental. Die Bushaltestelle befindet sich direkt beim Anfang des Wanderwegs entlang der Lonza. Von hier aus sind in der Ferne die Lötschenlücke und darunter die Anenhütte zu sehen. Rechts neben dem Langgletscher verdeckt das Schinhorn (3796 m) den nahen Viertausender, das Aletschhorn.

Wir gehen geradeaus los und bleiben bei der Brücke links von der Lonza. Der Weg führt in lockeren Wald und steigt an. Bei Punkt 1880 zweigen wir nach links ab Richtung Guggistafel und dann bei der nächsten Kreuzung an der Gratkante wieder rechts nach Nordosten. Dem Grat folgend erhalten wir immer wieder Ausblicke aufs Tal. Es lohnt sich, während des Aufstiegs ab und zu auch einen Blick zurück nach Westen zu werfen.

P2 Guggisee

Kurz nach dem Überschreiten der 2000-m-Höhenlinie erreichen wir den Guggisee. Es ist leicht nachvollziehbar, dass dies ein sehr beliebter Rastplatz und Fotospot ist. Die Aussicht auf die Lötschenlücke und die Schnee-

Abb. 1: Blick talwärts in der Gabelung der Auenfläche: Von links fliesst die Lonza aus dem nahen Langgletscher. Der Anunbach vorn rechts verzweigt sich im Wald mehrfach und mündet dann an zwei Stellen in die Lonza. Das Lötschental ist bekannt für die spektakulären Herbstfarben mit den gelben Lärchen; aus diesem Auengebiet stammt auch das Titelbild dieses Buches.

Abb. 2: Blick bergwärts: Vorn auf dem Felspodest steht die Anenhütte, am Horizont direkt über der Lötschenlücke die Hollandiahütte SAC.

gipfel samt Spiegelung ist einmalig. Auch dieser Ort bietet freie Sicht auf die Anen- und die Hollandiahütte. Hier an der Waldgrenze wachsen nur noch vereinzelt Bäume, und zwar überwiegend Lärchen. Auf der gegenüberliegenden Seite des Lötschentals ist die Seitenmoräne des letzten Gletschervorstosses immer noch gut sichtbar.

P3 Jegital

Nach dem Guggisee nähern wir uns dem geschützten Auengebiet. Linker Hand öffnet sich langsam der Blick hinauf ins Jegital. Bei der Brücke über den Jegibach befinden wir uns etwa 600–700 Höhenmeter unterhalb des Jegigletschers. Hier sind die Hänge ziemlich flächendeckend mit alpinen Rasen und niedrigen Sträuchern bewachsen, zum Beispiel Wacholder, Alpenrose und Heidelbeere. Das Gletschervorfeld als solches ist deshalb nicht mehr so offensichtlich erkennbar. Im Gegen-

satz dazu die Wirkung des Schmelzwassers: Unter der Brücke hat sich der Jegibach mehrere Meter tief in den Fels hineingeschnitten. Felskuppen in der Umgebung zeigen bei näherer Betrachtung trotz der fortgeschrittenen Verwitterung klare Spuren von Gletscherschliff; sie sind mehrheitlich flach und abgerundet. Nur abgebrochene Felsblöcke ragen kantig aus dem überwachsenen Geröll.

P4 Anenhütte und Anusee

Nach dem Überqueren der Brücke zweigen wir links ab. Der in der Karte rot eingezeichnete Weg zur Anenhütte ist deutlich steiler und anspruchsvoller als die bisherige Strecke. Die zusätzlichen 250 Meter Höhe werden dafür mit einer tollen Aussicht belohnt. Hinter der Anenhütte liegt der hübsche kleine Anusee, und von der Kante der kleinen Felsterrasse sieht man schön auf den Langgletscher hinunter und zur Lötschenlücke sowie zur Hol-

Abb. 3: Anfang August zeigt sich der Lärchenwald in sattem Grün. Im Foto von 2005 ist die Zunge des Langgletschers noch breiter und dicker als in Bild 6 (2023 aus grösserer Distanz aufgenommen).

Abb. 4: Eine Gewöhnliche Gebirgsschrecke (W.).

Abb. 5: Die Lonza sprudelt nahe der Fafleralp.

Abb. 6: Ende Oktober sind die Heidelbeerblätter rot und die Lärchen im Hintergrund gelb verfärbt.

Abb. 7: Ein Steinbock forkelt mit seinen Hörnern an einer jungen Lärche herum; Ende Oktober ist das dunklere Winterfell schon fast voll entwickelt.

8

landiahütte hinauf. Von der Anenhütte steigen wir nach Süden ab, via Punkt 2139 zurück auf den gelb eingezeichneten Weg. Diesem folgen wir nach links und gehen dem Anunbach entlang in den Lärchenwald hinunter. Im Herbst ergeben sich hier je nach Wetter und Lichteinfall wunderbare Farbstimmungen, wenn leuchtend gelbe Lärchen, blauer Himmel und der Schnee auf der Bergkette gegenüber miteinander kontrastieren.

9

P5 Vorfeld des Langgletschers

Je näher wir dem Talboden und der Lonza kommen, desto häufiger treffen wir auf auentypische Pflanzen. Im Bereich der Weichholzaue sind es etwa verschiedene Weiden-Arten, in den ufernahen Kies- und Geröllflächen vor allem Fleischers Weidenröschen und Säuerling; sie besiedeln Pionierflächen als Erste.

In der Info zum Gletscherlehrpfad findet man weitere ortsspezifische Angaben. Ebenso auf einer grossen Tafel unterhalb der Lonzabrücke. Der Lehrpfad verläuft in umgekehrter Richtung, entsprechend auch die Nummerierung der Posten (unsere Route führt am Morgen früher aus dem Schatten an die Sonne).

P6 Grundsee

Der Lonza entlang geht es mit geringem Gefälle zurück zur Fafleralp. Bei der Verzweigung an Punkt 1865 nehmen wir den linken Weg, der am Grundsee vorbeiführt.

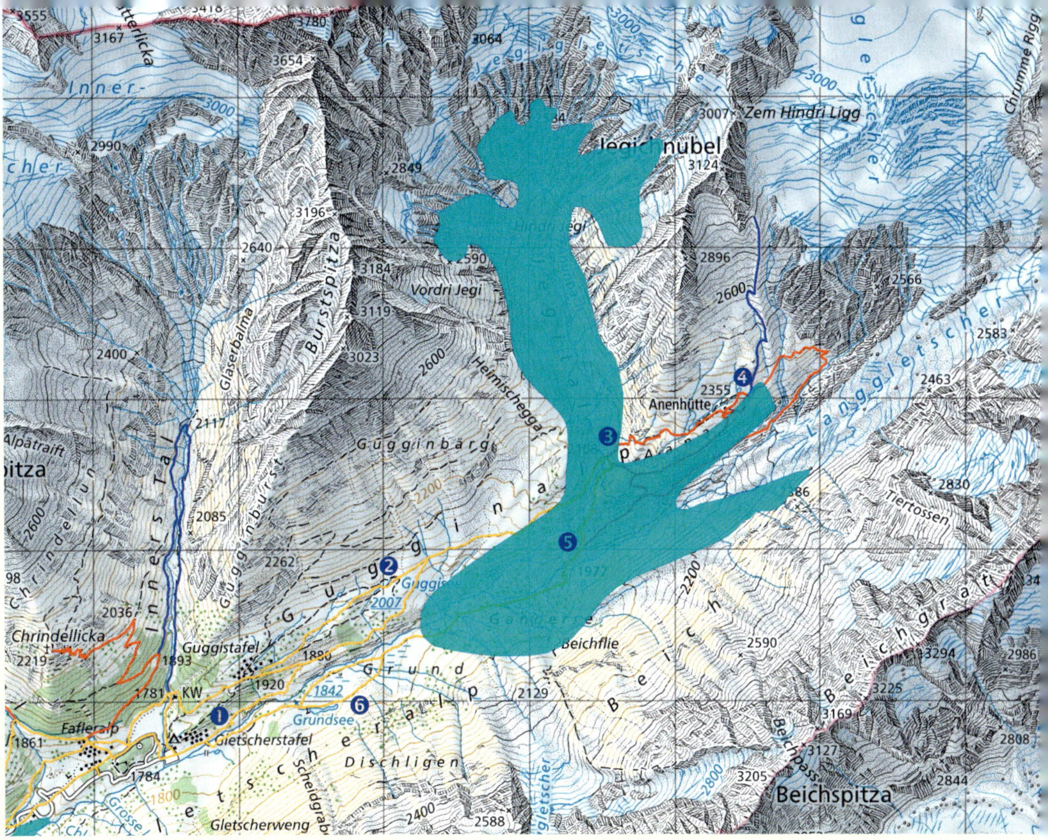

© Abdruck mit freundlicher Genehmigung von swisstopo, www.swisstopo.ch

Infos

KARTENMASSSTAB: 1:50 000

START/ZIEL: Bushaltestelle Fafleralp (Strasse bei Drucklegung bis auf Weiteres gesperrt)

STRECKE: ca. 11,5 km

HÖHENDIFFERENZ: 600 m; 660 m ↑, 660 m ↓

Schwierigkeitsgrad: T3 – Trittsicherheit erforderlich, Bergschuhe und evtl. Wanderstöcke empfohlen (Vorsicht bei Eis, Schnee od. Nässe).

ZEITBEDARF: reine Marschzeit 4 Std.

Abb. 8: Bei warmem Wetter bildet sich auf dem Gletscher Schmelzwasser, das talwärts abläuft. Entsteht im Winter zu wenig neues Eis, dann verliert der Gletscher an Masse. Seit 1850 ist der Langgletscher um etwa 2 km zurückgewichen und hat viel von seiner Mächtigkeit eingebüsst.

Abb. 9: Beim Abstieg führt unsere Route am Grundsee vorbei. Es handelt sich um einen Schmelzwassersee ohne erkennbare Zuflüsse; sein Wasser ist kristallklar.

VERKEHRSHINWEIS: Parkplatz auf der Fafleralp

RAST/VERPFLEGUNG: Kiosk/Hotel/Campingplatz Fafleralp, Anenhütte

VARIANTEN: Abkürzung: Aufstieg zur Anenhütte weglassen. Abstecher zur Gletscherzunge möglich (Vorsicht bei den Gletschertoren: Eisbruch- und Steinschlaggefahr, nicht zu nahe herangehen; bei Hitze nimmt der Abfluss der Lonza jeweils im Lauf des Tages stark zu).
Im Winter konnte man weiter unten die Strecke Blatten–Fafleralp begehen (je nach Verhältnissen als Winterwanderung oder mit Schneeschuhen). Nach dem Bergsturz sind Änderungen möglich; bitte holen Sie aktuelle Infos ein.

JAHRESZEIT: ca. Juni/Juli bis Oktober

IM WEB:

- www.loetschental.ch
- www.fafleralp.ch
- www.dieloetschentaler.ch
- www.anenhuette.ch (siehe Downloads zum Gletscherlehrpfad)
- blatten.roundshot.com/fafleralp (Webcam)
- www.blatten-vs.ch

Derborence

Am Fuss der Diablerets befindet sich ein besonderes Auengebiet: die Derborence. Ein Erdbeben löste 1714 einen Bergsturz aus, der buchstäblich den Boden für diese urchige Wildnis zwischen steilen, felsigen Bergen bereitete.

Ein weiterer grosser Bergsturz im Jahr 1749 trug ebenfalls dazu bei, die Bäche im Kessel zu verschütten, wo die Seitentäler zusammenlaufen. Dadurch entstand der Lac de Derborence. Aus der Falllinie von Nordwesten her betrachtet, liegen die beiden Auenschutzflächen entlang der Wasserläufe rechts und links des Bergsturz-Schuttkegels. Ein Waldreservat am Steilhang L'Ecorcha umfasst auch einen Teil des Föhrenurwalds auf der Sturzmasse und überschneidet sich mit der westlichen Auenschutzfläche. Unsere Route führt mitten durch diese beiden Gebiete, durchquert den unteren Teil des Schuttkegels mit einem sehr trockenen Sonnenhang, umrundet die östliche Auenfläche und quert schliesslich auch den oberen Teil des Schuttkegels.

Obschon die Runde nur etwa zwei Quadratkilometer Fläche aufspannt, finden wir hier ungewöhnlich viele und spannende Lebens-

1

2

räume ganz unterschiedlicher Art: Vom ruhigen Bergsee über mehrere Waldtypen bis zum bewegten Geröllfeld mit kargem oder gänzlich ohne Bewuchs. Zwischendurch passieren wir bewirtschaftete Flächen und einen Stausee, jedoch bewegen wir uns überwiegend in naturnahem Gebiet. Wer gerne Krimis schaut, dürfte erkennen, dass hier einige Szenen der Serie «Tschugger» gedreht worden sind, nämlich die Flucht des Titelhelden Bax aus dem Gefangenentransport und die Begegnung mit dem Wolf in der 3. Staffel. Ein verräterischer Hinweis sind die in den Fels gehauenen Tunnels der Zufahrtsstrasse nach Derborence.

P1 Lac de Derborence

Wir starten direkt am Rand des Schutzgebiets und folgen der Strasse weiter bis zum See. Unterhalb der kleinen Siedlung mit dem Restaurant zweigen wir links ab, um den Lac de Derborence im Gegenuhrzeigersinn zu umrunden. Dabei durchquert der Weg zuerst das Delta der Dorbonne, die den See von Süden her speist. Hier treffen wir auf Röhricht und Sumpfpflanzen. Während der Brunftzeit der Hirsche – ungefähr im Oktober – kann man frühmorgens die Stiere hoch oben im Bergwald röhren hören. Vereinzelt kann es auch mal von näher klingen; die Chance auf eine Beobachtung dürfte jedoch eher gering sein, so man denn aus dem Wald überhaupt freie Sicht in die entsprechende Richtung hat. Trotzdem schadet es kaum, einen Feldstecher griffbereit mit sich zu führen – auch für Vögel. Am Morgen ist es im Schatten noch frisch; später am Tag, wenn die Thermik einsetzt, lohnt es sich, den Himmel im Auge zu behalten und auf Greifvögel zu achten. In der Region zieht neben gängigen Arten gelegentlich der Bartgeier seine Runden. Im Wallis sollte man ferner darauf gefasst sein, dass an manchen Stellen vereinzelt Schlangenadler auftauchen können – besonders an Trockenstandorten, wo viele Schlangen leben.

Abb. 1: Der Lac de Derborence ist von hohen Bergen umgeben und bleibt daher lange im Schatten, besonders vormittags im Herbst. Hier liegen am Ufer grosse Kiesflächen frei.

Abb. 2: Die Landschaft ist von zwei grossen Bergstürzen geformt. Diese Geröllhalde wirkt wie ein Fluss aus Stein; am Rand erkennt man stellenweise die Sukzession des Bewuchses.

Abb. 3: An den Felsblöcken am Ufer ist abzulesen, dass der Wasserstand des Sees schwankt.

3

P2 Waldreservat

Der Weg verläuft südlich des Sees und seiner Abflüsse ungefähr im Übergang zwischen der steilen Bergflanke und dem flacheren bis ebenen Gelände, das die Bergsturzmasse aufgefüllt hat. Die Unterschiede in der jeweiligen Zusammensetzung des Waldes sind nicht riesig, doch wird man beim genaueren Hinschauen bestimmt Baum- und sonstige Pflanzenarten finden, die eher zur Hanglage oder zum Auenwald passen. Auf den offenen Sand- und Kiesflächen am Seeufer kommt der Sanddorn vor, eine sehr lichtbedürftige Pflanze, die vor allem an Küsten, in Flussauen und eben auch in alpinen Schotterflächen an Gewässern lebt. Wer diesen Lebensraum erkunden möchte, kann bei der Wegkreuzung östlich des Sees links abzweigen und gelangt auf dem Verbindungsweg zur Strasse in die Nähe von Kiesflächen wie hinten in Bild 1. An-

Abb. 4: Rotwild verhält sich gewöhnlich sehr diskret, vor allem in Gebieten, wo es gejagt wird. Hirsche verlassen ihre Tageseinstände in der Regel erst bei Einbruch der Dämmerung und suchen früh am Morgen erneut die Deckung auf. Fällt nach oder schon während der Brunft der erste Schnee, ziehen die Hirsche in tiefere Lagen.

Abb. 5: Vom Waldrand bei La Lui d'en Bas erhält man einen guten Überblick über das mehrheitlich bewaldete Bergsturzgebiet. Im Vordergrund liegen eine moorige Lichtung und die Geröllhalde am Fuss der Diablerets, dahinter der Felskeil des Mont à Cavouère und ganz rechts oben der See.

sonsten führt unsere Route geradeaus nach Ostnordost weiter und hinunter in Richtung des Haupttals.

P3 Hitzestau im Talkessel

Beim Ausläufer des Felsgrates von Süden nimmt das Gefälle zu, dann zweigen wir nach Norden ab und überqueren die Lizerne de Derborence. Je nach Uhrzeit und Wetter gelangen wir in diesem Bereich wahrscheinlich aus dem Schatten in die Sonne und spüren eine markante Erhöhung der Temperatur. Dieser Kessel, wo sich die Seitentäler zum Haupttal vereinigen, ist relativ windgeschützt, sodass sich die Wärme hier so richtig stauen kann. Zumal auch nur ein lockerer Baumbestand für etwas Schatten sorgt, während sich der Boden an der prallen Sonne mächtig aufheizt.

Wir überqueren die Strasse und danach die Lizerne de la Mare, dann biegen wir nach Nor-

den und gelangen wieder auf die Strasse; dieser folgen wir bis zur nächsten Abzweigung.

P4 Lac de Godey und Auenebene

Beim Ausgleichsbecken unterhalb der Staumauer des Lac de Godey zweigen wir nach links ab auf den rot eingezeichneten Wanderweg. Knapp 100 m nach der Auberge de Godet macht dieser eine spitze Kehrtwendung und steigt an, wodurch man besser in die Ebene des

Auengebiets hineinsieht. Dann geht es weiter durch den Wald hinauf. Bei der nächsten Spitzkehre zweigt ein Weg zur Staumauer ab. Wer möchte, kann das kurze Stück hinuntergehen und die Aussicht von der Staumauer geniessen. Die Krone des bewachsenen Erdwalls und die Felswand neben der Staumauer sind zudem 1-A-Standorte für wärmeliebende Insekten und vereinzelt auch Pflanzen.

Wir steigen weiter auf und zweigen bei La Lui d'en Bas am oberen Waldrand nach links ab. Der Weg verläuft nun etwa auf konstanter Höhe und bietet eine grossartige Aussicht auf das ganze Gebiet rund um den Schuttkegel der Bergstürze, bevor man wieder Wald betritt. In der Folge quert der Weg zwei, drei Tobel. Jenes des Baches Le Pechot gibt den Blick frei auf die mächtigen Felsen der Diablerets.

P5 Bergsturzgebiet

Der Wanderweg steigt an und verläuft für ein kurzes Stück auf der Strasse nach La Combe d'en Haut. Von dort geht der Weg geradeaus weiter und gabelt sich nach rund 300 m. Wir wandern rechts auf dem oberen Weg zum Punkt 1541, dann biegen wir links ab und folgen dem westlichen Rand der Auenfläche hinunter. Der Boden besteht aus grobem Geröll und aus Felsbrocken der Bergsturzmasse oder auch von jüngeren Abgängen. Bald wird es flacher, und der Weg schwenkt nach Osten zur Strasse und zur Haltestelle bei Punkt 1466.

© Abdruck mit freundlicher Genehmigung von swisstopo, www.swisstopo.ch

Infos

KARTENMASSSTAB: 1:25 000

START/ZIEL: Bushaltestelle Derborence

STRECKE: ca. 7,5 km

HÖHENDIFFERENZ: 200 m; je 350 m Auf- und Abstieg (vereinzelt steile/rutschige Passagen)

Abb. 6: Knapp oberhalb der Brücke über die Lizerne de Derborence kreuzt ein Wasserstollen den Bach und den Weg. Hier treffen wir auf Verbauungen. Im Hintergrund die felsigen Diablerets.

Abb. 7: Gut getarnt sitzt die Rotflügelige Ödlandschrecke am Boden. Nur wenn sie auffliegt, zeigt sie ihre auffällig ziegelroten, dunkel gesäumten Hinterflügel. Die Art lebt in steinigen und felsigen Lebensräumen mit wenig Bewuchs.

Abb. 8: Das ausgetrocknete Bachbett kann sich während der Schneeschmelze mit reissenden Wassermassen füllen, die mitunter auch die Ufer überspülen und den Pflanzenbewuchs abtragen.

Abb. 9: Der nördliche Teil der Route führt uns näher an die imposanten Felsen des Bergmassivs.

Schwierigkeitsgrad: T3 – Trittsicherheit erforderlich, Bergschuhe und evtl. Wanderstöcke empfohlen (Vorsicht bei Nässe, Schnee od. Eis).

ZEITBEDARF: reine Marschzeit 2½ Std.

VERKEHRSHINWEIS: Parkplätze bei der Bushaltestelle und nach der Brücke bis ca. 300 m weiter südöstlich an der Strasse. Die Zufahrtsstrasse von Aven nach Derborence ist schmal und für Ungeübte evtl. etwas abenteuerlich.

RAST/VERPFLEGUNG: Refuge du Lac de Derborence, Auberge du Godet

VARIANTEN: Tipps für (viel) längere Wanderungen: weiter nach W in Richtung Pas de Cheville/Solalex oder nach O in Richtung Sanetsch.

JAHRESZEIT: ca. Ende Juni/Juli bis Oktober

IM WEB:

- www.pronatura.ch/de/naturschutzgebiet-derborence
- www.refugederborence.ch

Val de Moiry/Moirygletscher

Südlich von Sierre geht es fast direkt neben der Rhone steil hinauf ins Val d'Anniviers. Oberhalb von St-Jean zweigt das Val de Moiry rechts ab und zieht sich weiter nach Süden zum Moirygletscher und zum Gipfel des Grand Cornier (3962 m).

Auf der gedachten Verlängerung des Moirygletschers liegen die Dent Blanche (4358 m) und das Matterhorn (4478 m). Die Entfernung zwischen den Gipfeln von Grand Cornier und Matterhorn misst nur etwas über neun Kilometer. Das «Horu», wie die Walliser das Matterhorn nennen, steht bekanntlich auf der Landesgrenze; südlich des Gipfels liegt Italien. Dort heisst der «Tobleroneberg» *Cervino,* ähnlich wie auf Französisch: *le Cervin.*

P1 **Lac de Châteaupré**

Wir starten direkt unterhalb des mittleren Sees in Bild 1. Vom Parkplatz mit der Bushaltestelle geht es links vom Lac de Châteaupré hinauf. Um einen Felsknubbel herum wird es ein wenig steiler.

P2 **Seitenmoräne**

Wir folgen im unteren Teil der Route stets mehr oder weniger nahe der rechten Seiten-

Abb. 1: Hier überblicken wir das Val de Moiry von der Zunge des Moirygletschers bis hinunter zum Lac de Moiry, wo das Tal hinter dem Berg verschwindet. Einmal mehr zeigen die Seitenmoränen, wie stark der Gletscher seit dem letzten grossen Vorstoss wieder zurückgegangen ist.

Abb. 2: So präsentiert sich der Moirygletscher vom Startpunkt aus. Der steile, mittlere Bereich ist voller Séracs und Spalten. Die SAC-Hütte befindet sich links auf der mittleren Felsterrasse in der Tiefenstaffelung (Höhe Oberkante der Séracs).

Abb. 3: Blick zurück zum Lac de Châteaupré.

moräne des Moirygletschers. Im mittleren, flacheren Abschnitt kann man statt auf dem in der Karte eingezeichneten Weg etwa ab der Markierung P2 auch ein Stück direkt auf der Krone der Moräne gehen, dann geht es durch eine kleine Senke zurück auf den Wanderweg.

P3 Geländestufe

Hier wird es steiler, und bald windet sich der Weg in engem Zickzack durch felsiges Ge-

Abb. 4: Die Cabane de Moiry ist hier Mitte Oktober schon winterfest geschlossen. Auf der Terrasse und aus dem Esssaal im modernen Anbau geniesst man ein fantastisches Gletscherpanorama.

Abb. 5: Vereinzelt führt der Weg über Felsen.

Abb. 6: Trotz der Höhe von über 2500 m blühen sogar im Herbst noch Blumen.

Abb. 7: Unterhalb der Gletscherzunge (ganz links) liegen noch schuttbedeckte Reste von Eis.

Abb. 8: Wo der Gletscher über eine Kante fliesst, bricht das gespannte Eis auf und bildet Séracs.

7

8

9

10

lände empor. An schattigen Stellen kann hier mitunter noch bis in den August Schnee liegen, dann ist entsprechende Vorsicht geboten. Je nach persönlichem Empfinden sind einzelne Wegpassagen etwas ausgesetzt; umso eindrücklicher ist der Blick hinunter ins Tal.

P4 Cabane de Moiry CAS

Die SAC-Hütte ist auf dem letzten Abschnitt hinter dem Horizont verborgen, während man durch ein Blockfeld mit groben Felsbrocken steigt. Doch bald erreicht man auf 2826 m die Terrasse mit einer überwältigenden Aussicht auf den Moirygletscher. Perfekt für eine längere Rast nach dem steilen Aufstieg. Hinunter geht es später wieder auf dem gleichen Weg.

Abb. 9: An einem milden Herbsttag mampft ein Steinbock genüsslich vom noch halbwegs saftigen Grün zwischen dem Geröll.

Abb. 10: Weiter abseits des Weges suchen auch eine Geiss und zwei unterschiedlich alte Kitze in einer steileren Hanglage nach Futter.

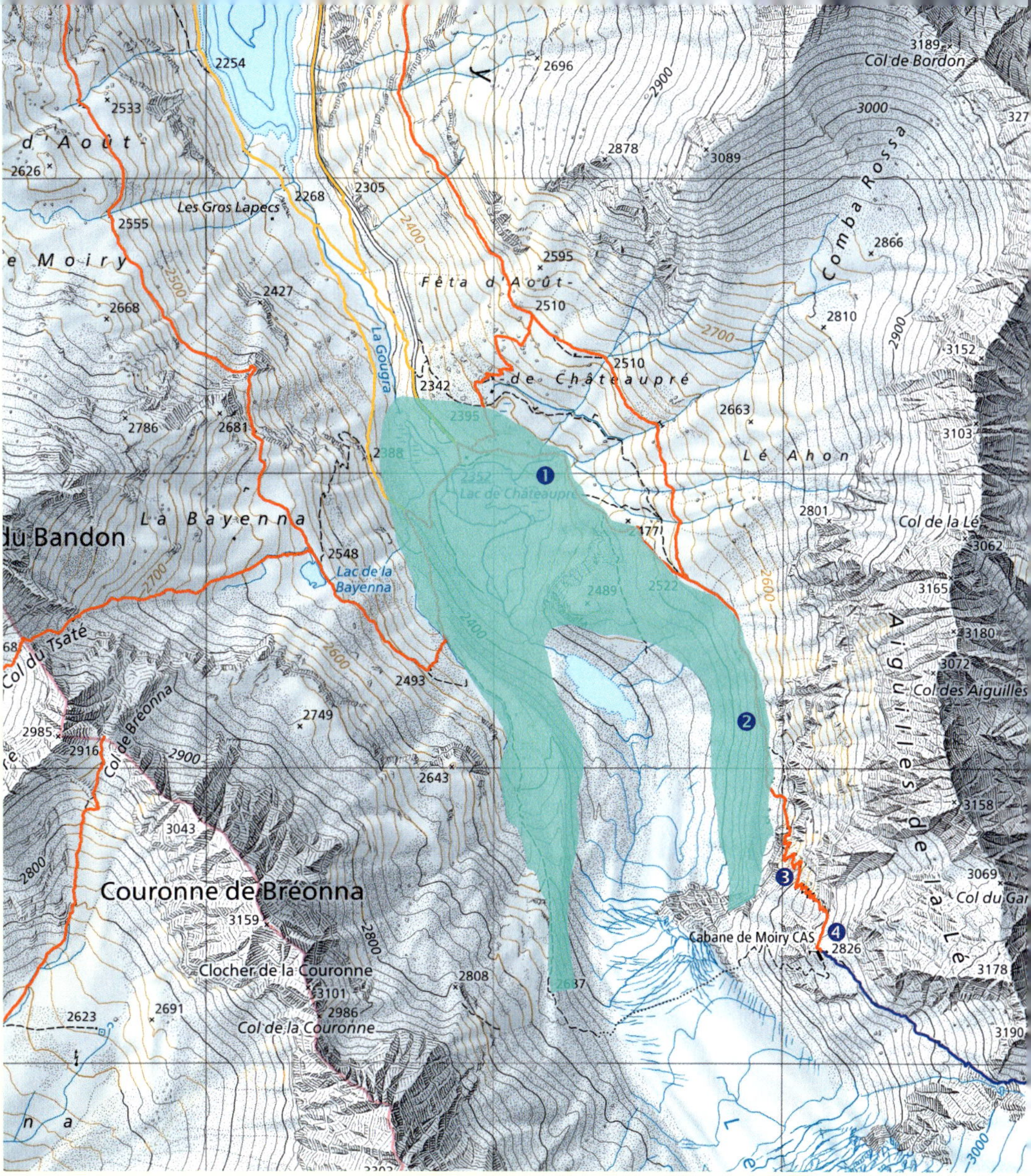

© Abdruck mit freundlicher Genehmigung von swisstopo, www.swisstopo.ch

Infos

KARTENMASSSTAB: 1:25 000

START/ZIEL: Bushaltestelle Moiry, glacier

STRECKE: ca. 6 km

HÖHENDIFFERENZ: 480 m; 530 m ↑, 530 m ↓

Schwierigkeitsgrad: T3 – Trittsicherheit und Schwindelfreiheit erforderlich, Bergschuhe und evtl. Wanderstöcke empfohlen.

ZEITBEDARF: reine Marschzeit 2¾ Std.

VERKEHRSHINWEIS: Parkplatz bei Haltestelle

RAST/VERPFLEGUNG: Cabane de Moiry CAS, Restaurant du Lac de Moiry

VARIANTEN: Ein Klassiker weiter unten ist die Umrundung des Lac de Moiry.

JAHRESZEIT: ca. Juli bis September

IM WEB:
- www.valdanniviers.ch
- cabane-moiry.ch

Bolle di Magadino

Im Südzipfel des Kantons Tessin liegt knapp ein Fünftel der Fläche des Langensees – italienisch: *Lago Maggiore* – auf Schweizer Boden. An seinem Nordostende münden die Flüsse Ticino, Verzasca und Maggia in den See.

Die Deltas des Ticino und der Verzasca bilden zusammen ein Auengebiet, die Bolle di Magadino. Dieses zunächst kantonale Schutzgebiet wurde 1982 in die Ramsar-Konvention aufgenommen und damit unter internationalen Schutz gestellt. Seit 1992 gehört es auch zum Bundesinventar der Auengebiete von nationaler Bedeutung.

Mit dem Namen des Gebietes hat es eine besondere Bewandtnis: *Bolle* bedeutet auf Italienisch «Gasblasen». Solche kann man in den Sümpfen der Magadino-Ebene zuweilen aufsteigen sehen. Durch Gärung im Boden entstehen Fäulnisgase, unter anderem Methan. Diese Gase sammeln sich zu Blasen, die ab einer gewissen Grösse durch den Auftrieb an die Wasseroberfläche aufstossen.

Die Bolle di Magadino sind ein wichtiges Brut- und Überwinterungsgebiet für Vögel und haben zudem als Amphibienlaichgebiet nationale Bedeutung. Hier sind während des Vogelzugs im Frühjahr und im Spätsommer/Herbst spannende Beobachtungen möglich. Im Winter kann man hier zuweilen bei milden Temperaturen ein wenig Sonne tanken, wenn es auf der Alpennordseite kalt und grau ist.

P1 Inseln und Teiche

Vom Bahnhof erreicht man der Strasse entlang nach Nordosten das Ufer des Lago Maggiore beim Lido (Italienisch für Strand oder Strandbad). Zwischen Schifflände und Lido gibt es eine kurze Uferpromenade; hier hat man freien Blick auf den See. Östlich des Lidos geht das Seeufer noch ein Stück weiter, jedoch begrenzen bewaldete Inseln die Aussicht. Hier beginnt das Delta des Ticino. Nach dem Bootshafen biegt der Weg nach Norden ab und führt uns auf einem Damm durch den Altlauf des Flusses mitten hinein in eine besondere, amphibische Wildnis, in der der See fliessend ins Land übergeht. Auf den Wasserflächen und am Schilfrand sind oft Enten, Teichhühner und andere Wasservögel zu beobachten.

2

3

Abb. 1: Das Winterhalbjahr bietet tiefere Einblicke in den Auenwald. Wenn die Bäume wieder Laub tragen, sieht es dann mehr nach Dschungel aus.

Abb. 2: Genau hinschauen: Auf dem Bild ist noch eine zweite Mauereidechse knapp zu erkennen.

Abb. 3: Von der Uferpromenade und der Schifflände Magadino aus sieht man auf den Lago Maggiore und hinüber nach Locarno mit dem Maggiadelta. Ende November sind die Wälder braun und die Berggipfel schneebedeckt.

P2 Beobachtungsturm

Wir folgen dem Weg weiter nach Norden bis zum Ticino, biegen nach links auf den Uferweg ab und gehen diesen geradeaus bis zum Ende. Nahe der Mündung halten sich gerne Enten auf. Aus dem Wald heraus ist die Aussicht auf den See leider eingeschränkt.

Auf dem Rückweg zweigen wir nach rund 200 m rechts in eine Sackgasse ab. Sie bringt uns zu einem Beobachtungsturm, der einen Ausblick auf die breite Röhrichtfläche bietet. Auch von hier aus sind nur kurze Abschnitte des Lago Maggiore zu sehen.

P3 Ufer des Tessin

Wir gehen zurück zum Uferweg und folgen diesem nach Osten. Am Flussufer und in den Bäumen können wir nach Vögeln Ausschau halten. Kurz vor der Brücke der Strasse zum nahegelegenen Flughafen Locarno biegen wir rechts auf den gelben Wanderweg ein.

P4 Dammweg

Nun gehen wir auf dem Damm zurück nach Westen. Auf dem sonnenexponierten Damm tummeln sich oft Eidechsen und in den Wiesen, Büschen und Bäumen diverse Vögel. Am Ende des Damms treffen wir auf den Weg, auf dem wir hergekommen sind und der uns auch wieder zurück zum Bahnhof bringt.

P5 Delta der Verzasca

Wer mehr Zeit in der Region verbringt, kann auch dem nördlichen Teil des Auenschutzgebietes einen Besuch abstatten. Vom Bahnhof Tenero oder von der Bushaltestelle Tenero,

Abb. 4: Auf dem Ticino schwimmt eine Gruppe Reiherenten nahe der Mündung in den See.

Abb. 5: Vom Beobachtungsturm aus zeigt sich die Weite des Schilfgürtels und der Streuwiesen. Rechts und ausserhalb des Bildes schliesst hinter dem Röhricht ein schmaler Streifen See an.

Abb. 6: Hier stehen die Bäume einer typischen Weichholzaue im Wasser.

5

6

7

Brere führt ein Weg von der Brücke über die Verzasca dem linken Ufer entlang in die Aue hinein. Im vorderen, bewaldeten Teil lassen sich im Frühling manchmal Wendehälse beobachten – sozusagen eine Spechtart im Tarnanzug. Das fein gemusterte, grau- bis ockerbraune Gefieder sieht aus wie Baumrinde.

In den Riedwiesen wird der Weg zeitweise überschwemmt; sollte dies der Fall sein, kehrt man zur Schonung der Pflanzen und Tiere besser wieder um. Da es sich um eine Sackgasse handelt, muss man bei tiefem Wasserstand am Ende des Weges ebenso umkehren.

Abb. 7: Die Wiesenweihe – hier ein Männchen – ist ein seltener Durchzügler, der in der Schweiz nicht brütet. Diese Art zieht über lange Strecken und kann dabei im April/Mai oder August/September in der Schweiz auftauchen.

Abb. 8: Der wärmeliebende Wendehals schlägt als Specht ein wenig aus der Art: Er nutzt vorhandene Baumhöhlen oder Nistkästen, statt selbst eine Höhle zu zimmern. Ausserdem ist er ein Zugvogel und überwintert in der Sahelzone.

8

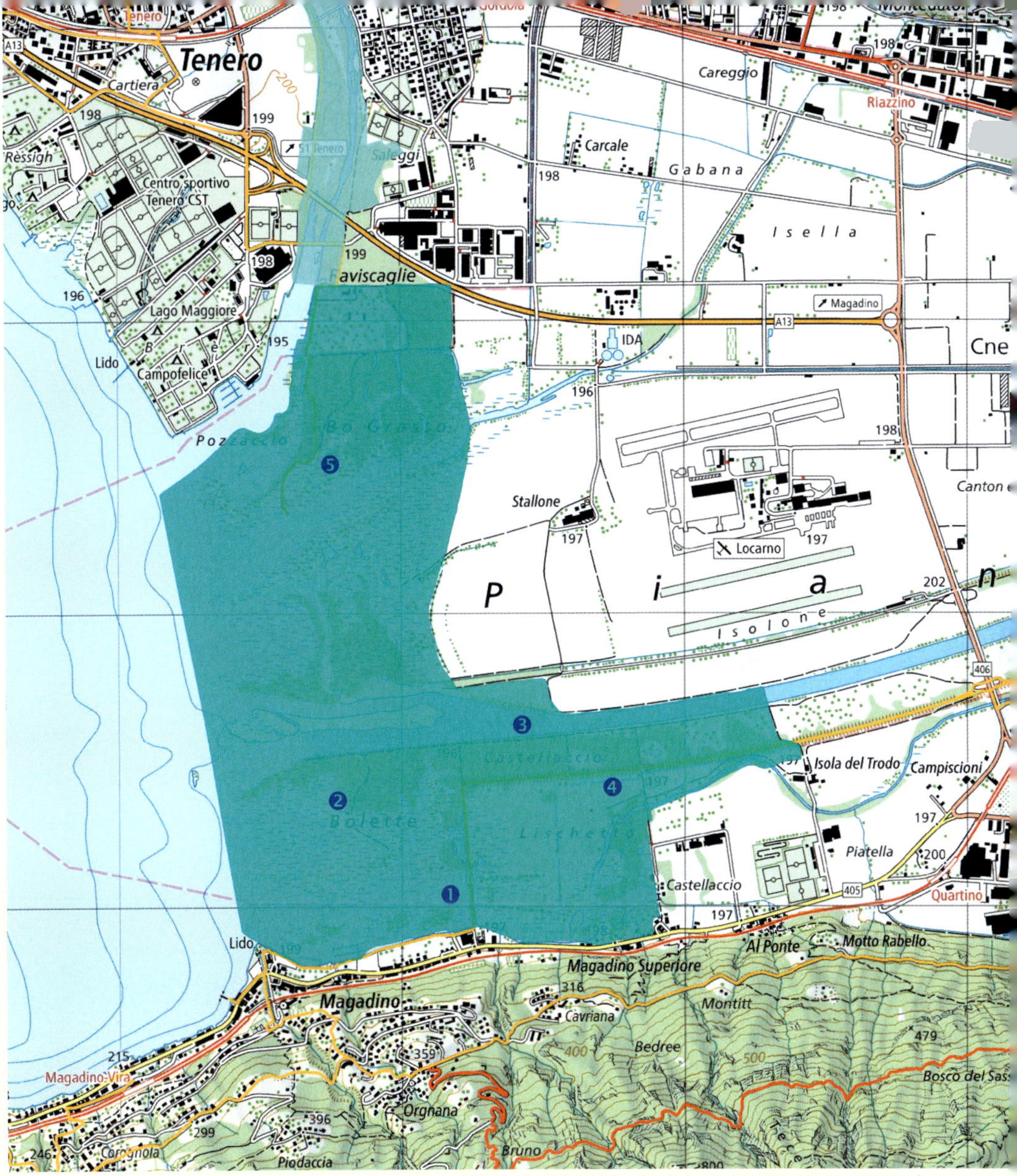

© Abdruck mit freundlicher Genehmigung von swisstopo, www.swisstopo.ch

Infos

KARTENMASSSTAB: 1:25 000

START/ZIEL: Bahnhof Magadino-Vira

STRECKE: ca. 10 km (zeitweise beschränkt, s. u.)

HÖHENDIFFERENZ: gering; 60 m ↑, 60 m ↓

ZEITBEDARF: reine Marschzeit 2½ Std.

VERKEHRSHINWEIS: Parkplätze beim Lido oder beim Bootshafen

RAST/VERPFLEGUNG: Restaurants in Magadino

VARIANTEN: Bei starkem Verkehr kann es angenehmer sein, vom Bahnhof den Bus bis Magadino, Casa Communale zu nehmen, statt auf dem Trottoir zu gehen oder auf dem offiziellen Wanderweg, der einen längeren Umweg macht.

JAHRESZEIT: Ganzjährig; Vogelschutzzone von Ende April bis Mitte Oktober geschlossen; viel Regen/Hochwasser kann die Wege überfluten.

IM WEB:

- www.pronatura.ch/de/naturschutzgebiet-bolle-di-magadino
- www.bolledimagadino.com

Oberes Verzascatal

Das Val Verzasca ist bekannt für spektakulär geformte und gefärbte Gneisfelsen und für James Bonds Bungee-Sprung von der 220 m hohen Staumauer im Vorspann des Films «GoldenEye». Zudem gibt es dort idyllische Flussauen.

Schon die Zufahrt, von Gordola erst steil hinauf und dann «endlos» weit nach hinten ins tief eingeschnittene Tal, hat etwas Abenteuerliches. Bergseitig sieht man aus dem Fenster des Postautos oft ganz nah eine Felswand oder einen Steilhang vorbeiziehen, während sich der Himmel ausserhalb unseres Blickfeldes verbirgt. Wo man bis ganz hinauf sieht, ragen die Berggipfel unglaublich hoch über den Talboden hinaus, sodass man sich ganz klein vorkommt. Das Tal ist zwar bewohnt, doch eignet sich nur ein geringer Teil der Fläche zur Bewirtschaftung; die steilen Hanglagen, mehrheitlich mit Kastanien- oder Mischwald bedeckt, bleiben praktisch unberührt. Das Val Verzasca oberhalb des Stausees Lago di Vogorno ist im Bundesinventar der Landschaften und Naturdenkmäler (BLN) aufgeführt und geniesst entsprechenden Schutz.

Die Bergketten auf beiden Seiten des Tals erreichen durchschnittlich etwa 2400 m über Meer – ein spannendes Gebiet für Bergtouren. Wir bleiben auf unserer Strecke jedoch nahe an der Verzasca und brauchen so keine steilen Hänge zu erklimmen. Dennoch geht es hie und da spürbar bergauf. Teile des Weges liegen im Schatten des Waldes, auf anderen Abschnitten ist man der Sonne ausgesetzt, die einem im Sommer ganz schön einheizen kann. Daher empfiehlt es sich sehr, genug zu trinken mitzunehmen und gegebenenfalls die Trinkflasche wieder aufzufüllen, wenn man an einem Brunnen vorbeikommt, zum Beispiel bei Lorentino, das auf unserer Route ungefähr auf halbem Weg liegt.

1

Abb. 1: Ein Dünen-Sandlaufkäfer jagt an einem kleinen Sandstrand an der Verzasca. Mit seinen furchteinflössenden Kieferzangen packt er die Beutetiere, zum Beispiel andere Insekten.

Abb. 2: In einer Trockenmauer sonnt sich eine männliche Smaragdeidechse. Vom Trommelfell bis zum Vorderbein tummeln sich etwa ein Dutzend Zecken auf der Haut des Reptils.

2

4

Abb. 3: Die Schneeschmelze versorgt die Verzasca und ihre Zuflüsse mit reichlich Wasser. Aus einem Seitental ergiesst sich dieser Wasserfall stiebend über eine hohe Felswand.

Abb. 4: In der Schweiz kommen nur zwei giftige Schlangenarten vor: die Aspisviper und die Kreuzotter. Beide sind in der Färbung und Zeichnung sehr variabel; sie werden selten länger als 70 cm. Hier überquert eine Aspisviper den Weg. Man erkennt sie z. B. an der aufgeworfenen Schnauzenspitze; jene der Kreuzotter ist abgerundet.

Abb. 5: Anfang Mai beginnen sich erste Blütenknospen des Besenginsters zu öffnen.

P1 Brione

Vom Parkplatz bei der Haltestelle führt eine kurze Treppe hinunter zum Uferweg. Auf diesem gehen wir nach rechts zunächst ein kurzes Stück flussabwärts, über die Brücke und dann wieder flussaufwärts. Schon vor und auf der Brücke sieht man talaufwärts den markanten Felskopf über dem Dorf Brione. Links davon liegt das Val d'Osola, rechts die Fortsetzung des Verzascatals. Der Weg führt uns näher heran und auf eine Felsplatte bei der Mündung der Torrente Osola in die Verzasca. Das Flussbett sieht hier recht wild aus, wenn auch nicht ganz so spektakulär wie bei Lavertezzo weiter unten im Tal.

P2 Trockenmauern vor Alnasca

Wir gehen durch den Wald weiter und entfernen uns ein wenig von der Verzasca. Auf einer grossen Lichtung ist der Weg beidseitig mit Trockenmauern gesäumt. Hier lohnt es sich, genauer hinzuschauen; bei passendem Wetter kann man auf und zwischen den lose aufgeschichteten Steinen Smaragdeidechsen entdecken. Diese wechselwarmen Reptilien wärmen sich morgens gern an der Sonne auf, ebenso wie Schlangen dies tun.

P3 Geröllkegel

Im Weiler Alnasca treffen wir auf einige *Rustici,* die typischen Tessiner Steinhäuser. Auch in deren Ritzen können sich Eidechsen tummeln, am ehesten die kleinen und schlanken Mauereidechsen. Hinter den Häusern quert der Weg einen Kegel mit überwachsenen Felsblöcken und den Bach Valegg d'Alnasca. Dann bietet eine Lichtung mit Trockenwiese vom Rand der Uferböschung aus eine schöne Aussicht auf die Verzasca.

P4 Il Piano del Lorentino

Weiter geht es wieder durch den Wald und ein Bachtobel, dann folgt eine weite Ebene mit einer Art Promenade, sogar mit Kandelabern, zu den Häusern von Lorentino. Dahinter kreuzt das oft ausgetrocknete Bett des Baches Rïèe dal Cortásc den Weg; hier gibt es linker Hand einen halbwegs flachen Zugang zur Verzasca mit Mini-Sandstrand (Bilder 1 und 7).

P5 Einmündung Redòrta

Wir folgen dem Weg weiter, überqueren bei Punkt 858 die Strasse und gelangen so nach Frasco. Unterhalb der auffälligen, hohen Kirche wechseln wir über die Hängebrücke zum Westufer der Verzasca. Durch den Wald und vorbei an grösseren Ginster-Beständen nähern wir uns dem Zufluss Redòrta. In diesem Bereich ist das Flussbett sehr breit und von ausgedehnten Kiesflächen gesäumt. Wiederum trennt ein steiler, hoher Grat das Seiten- vom Haupttal. Über eine Brücke erreichen wir schliesslich Sonogno, unser Ziel.

6

8

7

Infos

KARTENMASSSTAB: 1:50 000

START/ZIEL: Bushaltestelle Brione, Piee / Sonogno

STRECKE: ca. 8,5 km

HÖHENDIFFERENZ: 190 m; 290 m Auf- und 120 m Abstieg

Schwierigkeitsgrad: T1 – Trittsicherheit erforderlich, Trekking-/Bergschuhe und evtl. Wanderstöcke empfohlen. Zu Beginn des Frühlings und im Spätherbst können einige Wegabschnitte rutschig sein. Dasselbe gilt auch nach starken Regenfällen.
Die Wanderung gilt als leicht, doch sollte man nicht unterschätzen, wie sehr einen die Hitze auslaugen kann, wenn es richtig warm wird. Das passiert im Kanton Tessin auf dieser Höhe nicht nur im Hochsommer.

ZEITBEDARF: reine Marschzeit 2¼ bis 2½ Std.

VERKEHRSHINWEIS: Parkplatz bei Haltestelle

RAST/VERPFLEGUNG: Lokale in den Dörfern

VARIANTEN: Wer weiter wandern möchte, kann auch eine oder mehrere Haltestellen weiter unten starten. Ab Lavertezzo sind es etwa 14 km/4 Std. bis Sonogno. Abkürzungen sind ebenfalls möglich, nahe Bushaltestellen gibt es z. B. in Gerra oder Frasco (beim Feuerwehrteich oder bei der Kirche oberhalb der Hängebrücke).

JAHRESZEIT: ca. April/Mai bis Oktober

IM WEB:
- www.verzasca.ch
- www.bergwelten.com/t/w/28691
- www.albergocampagna.ch

© Abdruck mit freundlicher Genehmigung von swisstopo, www.swisstopo.ch

Abb. 6: Argwöhnisch späht eine Mauereidechse aus dem Schatten unter einer Felsplatte hervor.

Abb. 7: Das Wasser der Verzasca reichert sich durch die Verwirbelung mit Sauerstoff an – wichtig für viele Fische und Wasserinsekten.

Abb. 8: Im Wald sitzt ein Weissbindiger Mohrenfalter auf einem Blatt. Diese Art lebt in lichten und oft feuchten Wäldern; die Raupen fressen bevorzugt Wald-Segge oder Moor-Blaugras.

Anhang

Weiterführende Literatur

Altermatt, Florian/Güsewell, Sabine/Holderegger, Rolf (2024): *Biodiversität zwischen Wasser und Land,* Haupt Verlag

Graf, Roland F./Fischer, Claude (2021): *Atlas der Säugetiere – Schweiz und Liechtenstein,* Haupt Verlag

Knaus, Peter et al. (2018): *Schweizer Brutvogelatlas 2013–2016,* Schweizerische Vogelwarte

Lauber, Konrad/Wagner, Gerhart/Gygax, Andreas (2024, 7. Aufl): *Flora Helvetica - Illustrierte Flora der Schweiz,* Haupt Verlag

Pfiffner, O. Adrian (2024, 2. Aufl.): *Landschaften und Geologie der Schweiz,* Haupt Verlag

Rosenkranz, Annina/Meyer, Jürg/Lüthi, Markus/Zoller, Franziska (2020, 3. Aufl.): *Lebenswelt Alpen,* SAC Verlag

Staffelbach, Heinz (2024): *Auenland Aargau,* AS Verlag

Staffelbach, Heinz (2021): *Wildtier-Wanderungen in der Schweiz,* AT Verlag

map.geo.admin.ch

Weblinks

map.geo.admin.ch
(mit dem QR-Code werden aus dem Geokatalog folgende Zusatzebenen geladen:
Natur und Umwelt > Natur- und Landschaftsschutz
- Alpine Auen ausserh. Bundesinventar
- Auen ausserhalb Bundesinventar
- Auengebiete
- Auengebiete – Anhang 2
- Flachmoore
- Hochmoore
- Waldreservate
- Wildruhezonen
- Wildtierschutzgebiete

Bevölkerung und Wirtschaft > Verkehr
- Wanderwege
- ÖV-Haltestellen

Diese Ebenen lassen sich im Menü unter *Dargestellte Karten* nach Bedarf ein- oder ausblenden.)

shop.swisstopo.admin.ch/de/hilfsmittel-und-didaktik/legenden
(Zeichenerklärung zu den Landeskarten von swisstopo zum Herunterladen)

www.sac-cas.ch
(div. Tipps zum Wandern in den Bergen; für die Erklärung der Schwierigkeitsgrade T1–T6 nach «Wanderskala» suchen)

hydrologischeratlas.ch/produkte/druckausgabe/grundlagen

www.bafu.admin.ch

www.aquaviva.ch

www.pronatura.ch

www.vogelwarte.ch

www.wwf.ch

Dank

Die Publikation dieses Werkes wurde ermöglicht durch die finanzielle Unterstützung der folgenden Gemeinden:

gemeinde 3919 blatten

Einwohner- und Burgergemeinde Blatten (Lötschen)

GEMEINDE FLIMS

Gemeinde Flims

RHÄZÜNS DIE GEMEINDE

Gemeinde Rhäzüns

Folgende Personen haben mit fachlichen Hinweisen, Bestimmungen und/oder Fotos zum Gelingen dieses Buches beigetragen:

René Güttinger
Stefan Kohl
Bruno Schelbert
Heinz Staffelbach
Hansruedi Weyrich

Eric A. Soder arbeitet seit 1988 selbstständig als freier Fotojournalist; seine Motive findet er hauptsächlich in der Schweiz. Er hat sich zudem in die visuelle Gestaltung und Medienproduktion eingefuchst – erst autodidaktisch und später im 2013 abgeschlossenen Diplomstudium zum Techniker HF Polygrafie. Seine Interessen umfassen vor allem Wildtiere, Naturwissenschaften, Fotografie und Computertechnik.

1. Auflage: 2025
ISBN 978-3-258-08235-6

Umschlagsbilder: Eric A. Soder, Uster
Layout und Satz: Eric A. Soder, Uster – www. polygrafix.ch

Alle Rechte vorbehalten.
Copyright © 2025 Haupt Verlag, Bern
Jede Art der Vervielfältigung ist ohne Genehmigung des Verlags unzulässig.
Kein Teil dieses Werkes darf in irgendeiner Weise für das Training von Technologien oder Systemen der Künstlichen Intelligenz verwendet oder vervielfältigt werden. Die Verwendung der Inhalte für das Text- und Data-Mining ist untersagt.

Wir drucken mit mineralölfreien Farben und verwenden FSC®-zertifiziertes Papier. FSC® sichert die Nutzung der Wälder gemäss sozialen, ökonomischen und ökologischen Kriterien.
Gedruckt in der Tschechischen Republik

MIX
Papier | Fördert gute Waldnutzung
FSC® C010798
FSC www.fsc.org

Diese Publikation ist in der Deutschen Nationalbibliografie verzeichnet. Mehr Informationen dazu finden Sie unter https://dnb.dnb.de.

Das Bundesamt für Kultur unterstützt den Haupt Verlag für die Jahre 2021–2025.

Wir verlegen mit Freude und grossem Engagement unsere Bücher. Daher freuen wir uns immer über Anregungen zum Programm und schätzen Hinweise auf Fehler im Buch, sollten uns welche unterlaufen sein. Folgen Sie uns über Social Media oder via Newsletter, um regelmässige Informationen über die aktuellen Titel zu erhalten.

Haupt Verlag AG
Falkenplatz 14
CH-3012 Bern
herstellung@haupt.ch
www.haupt.ch

Verantwortlich in der EU (GPSR):
Brockhaus Kommissionsgeschäft GmbH
Kreidlerstr. 9
DE-70806 Kornwestheim
haupt@brocom.de